室内课程设计与毕业设计指导丛书

住宅空间室内设计

戴碧锋　周宇　梁文育　编著

中国建筑工业出版社

图书在版编目（CIP）数据

住宅空间室内设计/戴碧锋，周宇，梁文育编著．—北京：中国建筑工业出版社，2018.4
（室内课程设计与毕业设计指导丛书）
ISBN 978-7-112-21673-4

Ⅰ.①住…　Ⅱ.①戴…②周…③梁…　Ⅲ.①住宅—室内装饰设计—高等职业教育—教材　Ⅳ.①TU241

中国版本图书馆CIP数据核字（2017）第318113号

　　本书主要介绍现代住宅建筑的基本户型，空间组合及布局，室内空间组成设计，包括门厅、起居厅、餐厅、厨房、卧室、儿童房、书房、卫生间、阳台及楼梯，室内空间风格及设计特点，包括中式古典风格、欧式古典风格、现代主义风格、后现代主义风格、田园风格等。书中还编入了室内设计施工图范例及作品赏析，并给出了相关的课程设计任务书及作业范例。
　　本书可作为大专院校室内设计、环境艺术设计、建筑装饰及建筑学专业教学参考用书及教材，也可供相关工程技术人员、管理人员阅读、参考。

责任编辑：王玉容
责任校对：芦欣甜

室内课程设计与毕业设计指导丛书
住宅空间室内设计
戴碧锋　周宇　梁文育　编著
*
中国建筑工业出版社出版、发行（北京海淀三里河路9号）
各地新华书店、建筑书店经销
北京京点图文设计有限公司制版
北京京华铭诚工贸有限公司印刷
*
开本：889×1194毫米　1/16　印张：7¾　插页：4　字数：224千字
2018年4月第一版　2018年4月第一次印刷
定价：35.00元
ISBN 978-7-112-21673-4
　　（31275）

前　言

　　住宅空间是常见的室内空间设计之一，住宅室内设计师根据业主的要求及客观条件，运用物质、技术、工艺手段，创造出功能合理、舒适美观、符合人的生理及心理需求的内部空间，赋予使用者愉悦的、便于生活的、理想的居住环境。

　　《住宅空间室内设计》一书是"室内课程设计与毕业设计指导丛书"中的一册，属于建筑室内环境设计中关于住宅室内设计方面的研究性著作，与一般室内环境艺术设计书籍与教材相比具有更强的专业性和针对性，可供高等院校室内设计专业和相关专业的高校师生作教材或参考书使用，也可供建筑装饰行业的从业人员使用。本书撰写的指导思想有以下两点：

　　一、住宅设计的基本理论与实践紧密结合。本书结合住宅设计发展的最新学科动向和设计时尚对我国设计实践的影响，并参考了《住宅室内装饰装修设计规范》（JGJ367-2015），系统地介绍了住宅设计的特点、基本理论与设计要点，结合大量工程实例进行分析讲解，做到理论与实践相结合。

　　二、汇编了住宅设计所需的相关资料与设计规范。本书针对住宅设计的实际需要，汇编了包括最新的《住宅建筑设计规范》（GB 50368-2011）在内的相关规范，附在书后可供读者查阅。

　　本书由三位作者执笔，广州航海学院戴碧锋老师负责统稿并完成第一章、第二章及案例点评的编写工作；广东工贸职业技术学院周宇老师执笔编写第三和第四章内容；南华工商学院梁文育老师完成工程图选部分整理工作。在本书的编写过程中，霍维国教授指导了系列丛书的编写，也提供了很多宝贵意见。另外，在本书的编写过程中，柯平川老师也提供了许多相关照片及资料，广州善川装饰设计有限公司总经理林泽先生也提供了部分设计案例。在此向这些老师表示衷心的感谢。

　　本书编著中难免会有一些不足之处，诚望读者及同行们能给予批评和指正。

戴碧锋

2017 年 10 月于广州航海学院

目　录

第一章　住宅建筑概述

第一节　住宅建筑的类型

室内设计从广义上来说是建筑设计的延伸，从学科类别上来说属于建筑学。建筑学包含工程技术与人文艺术，体现了建筑技术与建筑艺术两个方面的需求。建筑师的工作是"从无到有"建造空间范围，而室内设计师的工作则是美化建筑的内部空间。在进行住宅建筑的室内设计，应对住宅建筑有所认知。

我们常见的住宅类型很多，按照建筑层数可分为低层住宅（1～3层）、多层住宅（4～6层）、高层住宅（10～30层）以及超高层住宅（30层以上）。

一、低层住宅

低层住宅有独立式和联排式两种。独立式是一户人家居住的单幢住宅，它有独立的庭院，室外生活方便，平面组合灵活，可以得到良好的日照、通风和采光。独立式住宅也称别墅（图1-1、图1-2）。联排式是由若干个独户单元拼联组合而成的，组合方式有很多变化，有成行列的，也有成组团的，日照、通风、采光的条件较好。

二、多层住宅

多层住宅一般用公共楼梯解决垂直交通，有时还须设置公共走廊解决水平交通。多层住宅类型较多，基本类型有梯间式、走廊式和独立单元式（图1-3）。

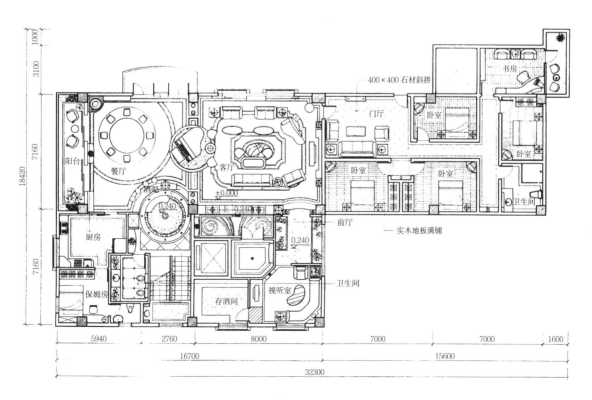

图 1-1　某别墅一层平面图

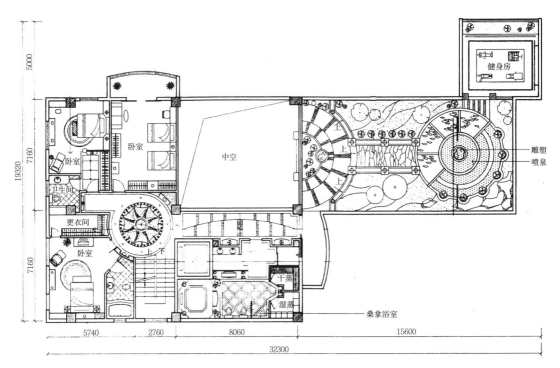

图 1-2　某别墅二层平面图

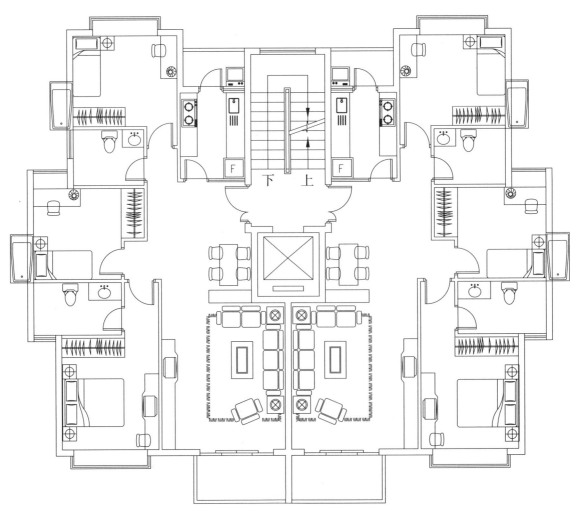

图 1-3　梯间式多层住宅平面

三、高层建筑

高层住宅作为一种住宅类型，除了具备各类住宅的许多共性外，还具有其本身的特性——以电梯作为主要交通工具（图1-4）。高层住宅主要有4种类型，即外廊式、内廊式、梯间式和核心式（图1-5），此外还有跃层式和跃廊式（图1-6）。

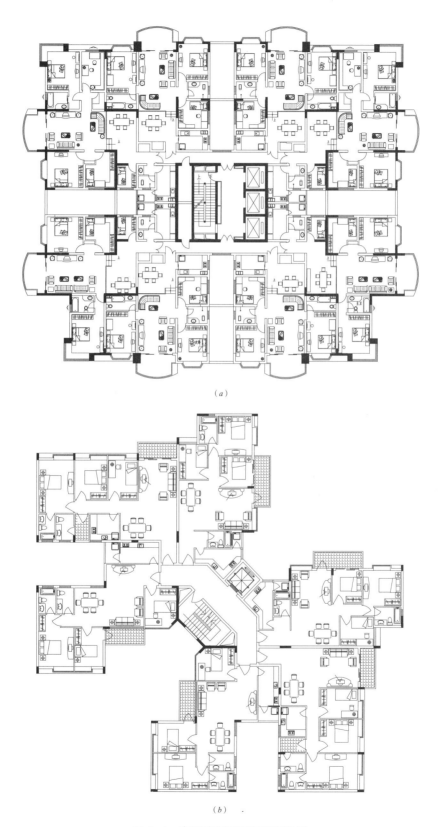

（a）

（b）

图 1-4　高层住宅平面布置图案例

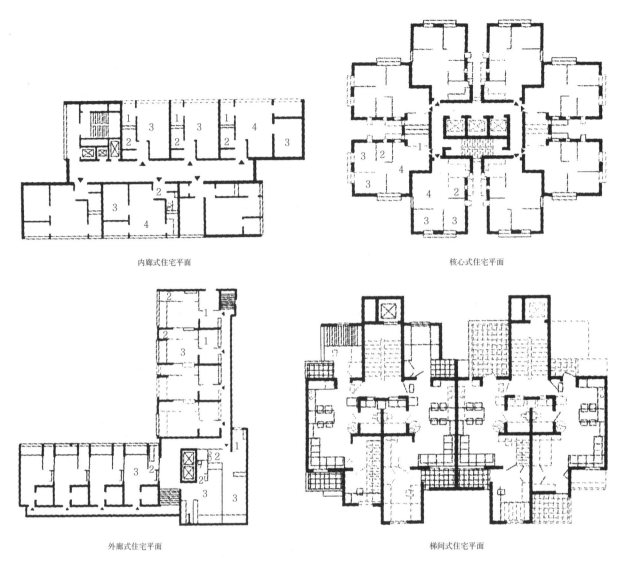

内廊式住宅平面   核心式住宅平面

外廊式住宅平面   梯间式住宅平面

图 1-5　高层住宅的 4 种形式

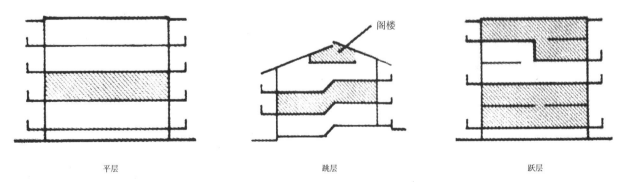

平层   跳层   跃层

图 1-6　住宅的剖面类型

以上住宅类型的空间组织方式特色，以及弊端见表1-1。

住宅类型和空间特色 表 1-1

类型	种类	空间组合	空间特色
低层住宅	独立式（别墅）	独立式是一户人家居住的单幢住宅	有独立的庭院，居住环境幽静，室外生活方便，平面组合灵活，可以得到良好日照、通风和采光
	联排式	由若干个独立单元拼联组合而成。组合方式有很多变化，有成行的，也有成组团的。首层各户有独立专用的院落	日照、通风、采光条件良好，布置灵活
多层住宅	梯间式	单元以楼梯为中心布置住户，有楼梯平台直接进分户门	平面布置紧凑，公共交通面积相对较少，户间干扰较少，比较安静
	走廊式	沿着公共走廊布置住户，每层住户依公共走廊长度的增加而增多	住户楼梯利用率高，外廊比内廊采光、通风好，户间联系方便，但户间存在干扰
	独立式单元	数户独立，单元围绕着一个楼梯枢纽布置的形式	四面临空，可开窗的墙面多，有利于通风和采光，平面布置灵活，外形处理较自由，占地面积较少，便于利用不规整的零星基地；但存在西晒的弊端
高层住宅	外廊式	以一条公共走廊串联各户，住户布置在公共走廊的一侧，采用走廊作为电梯、楼梯与各户之间的联系媒介	各户居住条件基本一致，可以有良好的朝向。但走廊长，通风和私密性较差
	内廊式	以一条公共走廊从两侧串联各户，住户布置在走廊两侧	可增加住户，节约用地。但住户在走廊一侧不能开窗，使通风收到阻碍，走廊共用面积较少
	梯间式	设有走道的电梯、楼梯厅为公共交通中心，串联各住户	电梯服务户数较少，住户的通风、采光条件较好，但走廊共用空间少
	核心式	以楼梯、电梯组成交通中心为核心，所有住户都布置在核心的四周	布置紧凑，体形丰富多变，因各住户条件不一，会出现朝向不好的住户
	跃层（跃廊）	住户跨越两层构成，走廊每2~3层设置	住户面积较大，但走廊的公共面积少，设有走廊的层居住性好

第二节　住宅室内空间的组合与布局

住宅具有从事家务、睡眠、就餐、接待客人等功能。因此，住宅的设计应该符合以下四个方面的原则：

一、合理性原则

住宅虽然是供人居住的，但人是主体，住宅是附属体。住宅的布局一定要功能合理，使用方便，符合人的生活习惯和家居的行为轨迹。与此同时，还应该考虑子女成长对室内环境的需求、老年人的活动对住宅功能的需求、个性化的兴趣爱好对住宅功能的需求等。这些因素都会对住宅的功能提出不同的要求，也都会对住宅平面的功能布局起决定性作用（图1-7）。

住宅空间的尺度和形体是以人体为标准的，在人体工学上一般要测量静止状态的人体尺寸和动作时的动作尺寸，如图1-8、图1-9所示。人体尺寸依据种族、年龄、性别不同而不同，还应考虑老年人、残障人的方便，所以必须按照使用者的身体条件设计。

二、方便性原则

住宅的方便性评价有以下几点：

（1）流线短，能有效提高所进行的目的行为，消耗能量小，这是方便性的评价基础；

（2）姿势和动作舒适。如飞机的座舱那样狭窄的空间虽消耗能量少，但是姿势、动作伸展有限，缺乏舒适感；

（3）空间、家具、设备的形状和大小规模应适当、合理地配置；

（4）符合居住者的心理、过去的习惯和居住

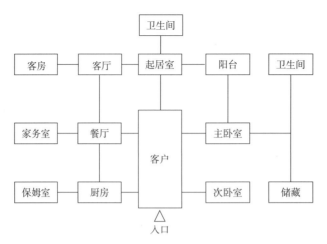

图 1-7　住宅主要功能示意图

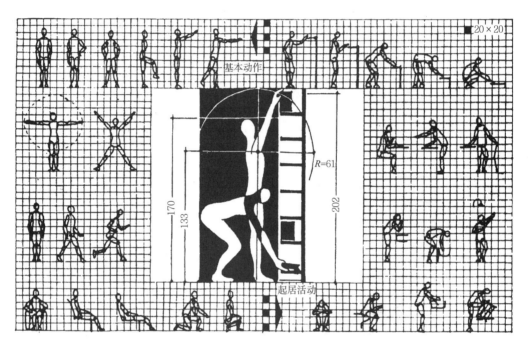

图 1-8　人体活动的基本尺度

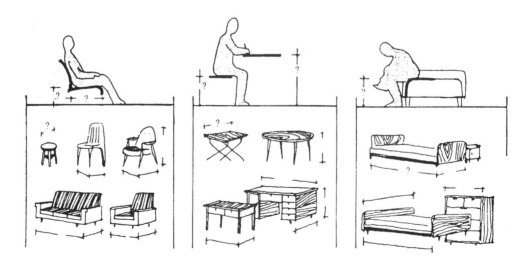

图 1-9　家具尺寸反映出人体的基本尺度

模式。

方便性，是住宅符合居住者的身体、心理而获得的，但不要忽略居住者年龄、健康状况、家族构成、收入等自身的条件。决定居住生活的种种要素都处于动态中，因此应对变化留有"余地"。

三、安全性原则

确保生命和财产安全是最重要的原则，是支撑人类生活的基本保证。正像生活有着各种层面一样，安全性也是多面的，重点放在哪个层面，是依据人们价值观而定的。此外，住宅并非独立存在，它是形成社区、聚落的"细胞"，因此不仅要重视住宅单体的安全性，同时还要考虑社区及地域性的安全性。

1. 在住宅安全性上存在的问题

（1）提高住宅安全性需要经费，经济性和安全性往往是对立的。

（2）安全性与日常的方便性有矛盾。例如住宅小区出入口实行门禁，安全但不方便。

（3）安全性自身的矛盾，例如宽阔的道路方便了消防车和救护车的通行，但由于提高了车速，容易导致交通事故。

（4）科学的进步、社会的变化、各自状况的不同，对危险的预测和安全的对策也在变。

（5）安全性高的建筑，如果管理运营失控，也会不安全。

2. 住宅设计应考虑的安全性

（1）对火灾的安全性。防止火灾应注意：①防患于未然，如采用防火的加热器具，熟悉自动灭火器具的使用，厨房周围使用耐燃材料，安装喷淋设备、警报器、消火器等。②建造不可燃建筑（如墙、窗帘、壁纸等使用非燃化材料）。③防止火灾蔓延（如使用耐火的钢筋混凝土结构，对木造的屋顶、外墙、屋檐、户界墙等进行非燃化处理等）。④安全避难措施（如设置双向避难通道，考虑弱势群体的避难方式等）。⑤便于救火作业（避免违章停车，交通堵塞，消防用水不足等）；

（2）对台风和水灾的安全性（注意选址及屋檐、

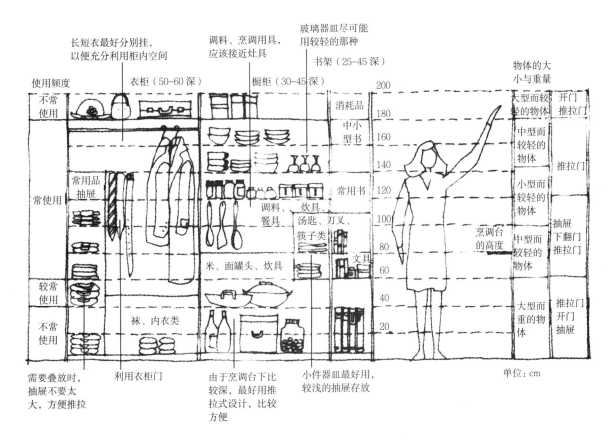

图 1-10　住宅中家具的基本尺度示意图

屋脊的设计等）。

（3）对地震的安全性（抗震结构的设防及免震措施）。

（4）对融雪的安全性（注意屋顶的荷载）。

（5）对犯罪的安全性（加强硬件的配置和社区人际关系的构建等）。

（6）住宅内部的日常灾害（防滑处理，减少高差和障碍物等）。

四、舒适性原则

住宅应具有适度的居住面积、充足的采光通风、良好的卫生条件、必要的寒暖调和、宁静的家居环境和美观的造型装饰六方面的基本要求。

（1）适度的居住面积

住宅居住面积的大小，应该和居住人数的多少成正比。人多面积少，就会有拥挤的感觉，使得每个人心烦气躁。人少而面积大，就会显得冷冷清清，孤独寂寞，会让人的心理健康受到损害。房屋的剩余空间太多，很少有人走动，就会缺少"人气"，这也就是为什么久无人住的房子，一打开时会有寒气逼人的原因所在。《黄帝宅经》早就有"宅有五虚，宅大人少为第一虚"的警告。

（2）充足的采光与通风

采光和通风是建筑设计需要考虑到的两方面内容。

采光是指住宅接收到阳光的情况。采光以太阳直接照射到最好，或者是有亮度足够的折射光。

阳光有排除潮气、消毒的作用。不过，如果整间房间上午受阳光照射，特别是南方地区，过度的阳光会令房间炎热，空调制冷效率低。通风是一个十分重要的问题，许多不理想的住宅，往往通风不良。特别是采用钢筋混凝土建造的住宅，本来就无法自行调节湿度，住宅中的各种房间空间又小，不注意通风，容易造成湿度过大而导致身体小病不断。因此，在住宅建筑设计的时候，设计师就已经考虑到采光和通风的问题（图1-11），在进行室内设计的时候，造型装饰和材料的选用应不对建筑的采光与通风设计做太大的改动。

（3）良好的卫生条件

在南方的城市里患风湿病的人越来越多，这都是由于住宅室内过于潮湿而引起的。厨房、卫生间又是产生水气的地方，房间的通风不良，容易造成温度过高，浴厕、厨房、垃圾桶处都易滋生细菌，危害人体。

（4）必要的寒暖调和

住宅在家居环境中对于人来说，有如衣服的功能。住宅的围护结构就必须注意在一年内都能适应春、夏、秋、冬四季的变化。

要让住宅能够具有冬暖夏凉的功能，就必须要有合理的设计。但是，如果住宅的冷暖设备过度的话，即会使能量的新陈代谢变得不合理，甚至会成为体力损耗过大而影响身体健康。因此，最好是以人体一定的体温为准，来调和住宅内温度的变化。

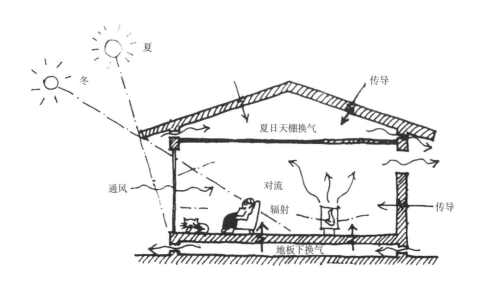

图1-11 室内通风换气

（5）宁静的家居环境

噪声是会令听着不悦的声音的总称。即使是美妙的音乐，不想听的时候也会成为噪声。

防止噪声有隔声和吸声两种方法。隔声就是隔断或减少噪音分贝。墙体的建筑材料（砖石、混凝土等）的单位重量越大，厚度越大，其隔声性越强。尽管墙体厚重，由于墙面有开洞、缝隙，噪声还是会流入，因此有些室内空间需要安装隔声门窗。吸声就是减少反射音。所谓吸声性低的状态就如同在隧道里反射出来的声音一样听不清楚，一般使用吸声性高的玻璃纤维等柔软的材料作为吸声板（图1-12）。

对声音的感觉不仅是物理的量，与发出声音的时刻、周围环境、习惯等各种因素有关。

（6）美观的造型装饰

造型是住宅的外观，而装饰则是住宅内部的装修和陈设。住宅的造型和装饰不仅应给人以家的温馨感，而且还应该具有文化品位。住宅立面造型单调和呆板令人感到枯燥乏味，而矫揉造作，又会令人心烦意乱。住宅内部的装饰，如果布置得像咖啡厅、酒吧和灯红酒绿的舞厅，不仅会失去家的温馨，久而久之，往往还会让家人濡染上庸俗的不良习气。

一般人很容易将美观和奢侈混在一起，其实两者是有其差异的。虽然作为家居场所的住宅不一定要奢侈，但美观是不可或缺的条件。这是因为人是有精神上的需求的，如果想要拥有充沛的体力和蓬勃的生气，借助家居的美观来培养是一个极为重要的因素。

利用室内装饰设计和色彩的调配，以及家具用品的配置，可以在相当的程度上改善住宅室内的美观，营造温馨的家居环境。

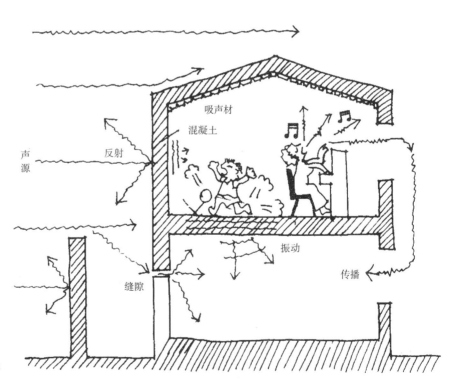

图1-12 声音的传播

第二章 住宅室内空间的组合与布局

第一节 住宅室内空间的组合

据有关家庭问题专家的统计及分析，任何一个家庭成员至少在住宅中约度过一生1/3的时间，而家庭主妇和学龄儿童在住宅驻留的时间更长，上学子女在住宅中度过的时光也达1/2 ~ 3/4。人在住宅中驻留的时间比例越大，其对生活空间的要求也越多，住宅的空间组成也随着日益增加的要求变得更加丰富。住宅的空间构成与家庭活动的性质有关，归纳起来，大致可分为以下三种：

一、公共活动空间（也叫生活空间）

公共活动空间是家庭的综合活动场所，是家人和朋友联系感情、日常聚会的场所，它不但能使其放松心情，陶冶情操，而且可以沟通情感，增进幸福感，如图2-1所示。它一方面成为家庭生活聚集的中心，在精神上反映和谐的家庭关系；

图 2-1 温馨浪漫的生活空间

另一方面，它还是家庭和外界交际的场所。家庭的活动主要包括聚谈、视听、阅读、用餐、娱乐及其他游戏等内容。根据这些内容可将公共活动空间划分为门厅、起居厅、餐厅、视听室、健身房等空间。当然家庭结构和特点不同，空间划分也有差异。

二、私密性空间

私密性空间是为家庭成员独自进行私密行为所设计的空间，它应能充分满足家庭成员的个体需求，即是成人享受私密权利的禁地，也是子女健康不受干扰的成长摇篮。设置私密性空间是家庭和谐的主要基础之一，其作用在于使家庭成员之间能在亲密之外保持适度的距离，以促进家庭成员维护必要的自由和尊严，解除精神负担和心理压力，获得自由抒发的乐趣和自我表现的满足，避免无端的干扰，进而促进家庭关系的和谐。私密性空间主要包括卧室、书房和卫生间等。卧室和卫生间是提供个人休息、睡眠、梳洗、更衣淋浴等活动和生活的私密性空间，其特点是针对多数人的共同需要，根据个人生理和心理的差异、个人的爱好品位及素质而设计；书房和工作间是个人工作思考，突出独自行为的空间，其特点应是针对个人的特殊需要，根据个人的性别、年龄、性格、喜好等个别因素而设计，如图 2-2 所示。

（a）　　　　　　　　　　　（b）

（c）　　　　　　　　　　　（d）

图 2-2　根据不同爱好而设计的书房

完备的私密性空间具有休闲性、安全性和创造性，是能使家庭成员自我平衡、自我完善、自我袒露的不可缺少的空间区域。

三、家务区域

每套住宅都必须为使用者提供一整套设施和空间，用以满足生活、休息、工作、娱乐等一系列要求。它是家庭日常生活、工作的总部，因此，它必须具备清洁、烹饪、储藏、洗涤等功能。家庭成员必须为此付出大量的时间和精力，家务活动以准备膳食、洗涤餐具和清洁环境、修理设备为主，家务工作区包括厨房、操作台、电器（洗衣机、吸尘器、洗碗机）以及用于储存的设施和设备，如冰箱、消毒柜、衣橱、书橱等。家务工作区域又可以成为家庭服务区。它为一切家务活动提供必要的空间，以使这些家务活动不致影响家庭生活中的其他使用功能。同时，良好的家务工作区域可以提高工作效率，使有关的膳食调理、衣物熨烫、清洁维护等复杂事物，都能在省时、省力的原则下顺利完成。因而家务工作区域的设计应首先对每一种活动都给予一个合适的位置；其次应当根据设备尺寸及使用操作设备的人确定合理的尺度；在可能的情况下，还应努力采用现代科技产品，使该项活动能在正确舒适的操作过程中成为一种享受。

第二节　住宅室内空间的布局

住宅室内环境在建筑设计时只提供了最基本的空间条件，如面积大小和平面关系、厨房、浴厕等位置，还需要设计师在这一特定的室内空间中进行再创造，探讨更深、更广的空间内涵。室内环境所涉及的功能有基本功能与平面布局两方面的内容。基本功能包括睡眠、休息、饮食、会客、娱乐及学习等，这些功能因素又形成环境的静、闹、群体、私密、外向、内敛等不同特点的分区；平面布局包括各功能区域之间的关系，各房间之间的组合关系，各平面功能所需家具及设施、交通流线、面积分配、平面与立面用材的关系及风格与造型特征的定位、色彩与照明的运用等。

住宅室内空间的合理利用，在于不同功能区域的合理分割，巧妙布局，疏密有致，充分发挥居室的使用功能，如卧室、书房要求静，可设置在靠里边的位置，以不被其他室内空间活动干扰；起居室、客厅是对外接待、交流的场所，可设置在靠近入口的位置；卧室、书房与起居室、客厅相连处又可设置过渡空间或共享空间，以起间隔调节作用。此外，厨房应紧靠餐厅，卧室与卫生间应贴近。

确定居室面积的因素如下：

（1）家庭人口较多，每个人所需空间相对越小。

（2）兴趣广泛、性格活跃、好客的家庭，每个人需给予较大的空间。

（3）喜欢较大空间或私密性空间较大的家庭，可减少房间数量。

（4）偏爱独立空间较多的家庭，每个房间的面积可以相对小一些。

室内环境的布局是将同一空间的许多细部，以一个共同的有机因素统一起来，使它变成一个完整而和谐的视觉系统。设计构思立意时，就需要根据使用者的职业特点、文化层次、个人爱好、家庭成员构成、经济条件等作综合的设计定位，行成造型的明晰条理、色彩的统一、光照的韵律层次、材质的和谐组织、空间的虚实比例及家具的风格式样的统一等，以求取赏心悦目的效果，如图2-3所示。

第三节　人体工程学在住宅空间设计中的作用

在进行住宅空间室内设计时，必须依据人体的尺度对空间尺度、家具尺度等进行设计。

1. 为确定人在空间的活动范围提供依据

根据人体工程学相关测量数据，结合住宅空间的各种使用功能，如起居厅、卧室、卫生间等，以人体尺度、活动空间、心理空间以及人与人交往的空间等因素为依据，确定空间的合理范围。例如在住宅设计中的餐厅部分，就要根据人体坐姿时的大腿高度来设计餐桌的高度，还要考虑当人移动座椅起立时所占用的空间，如图2-4所示。另外，还要留出送餐者的通行距离，如图2-5所示。

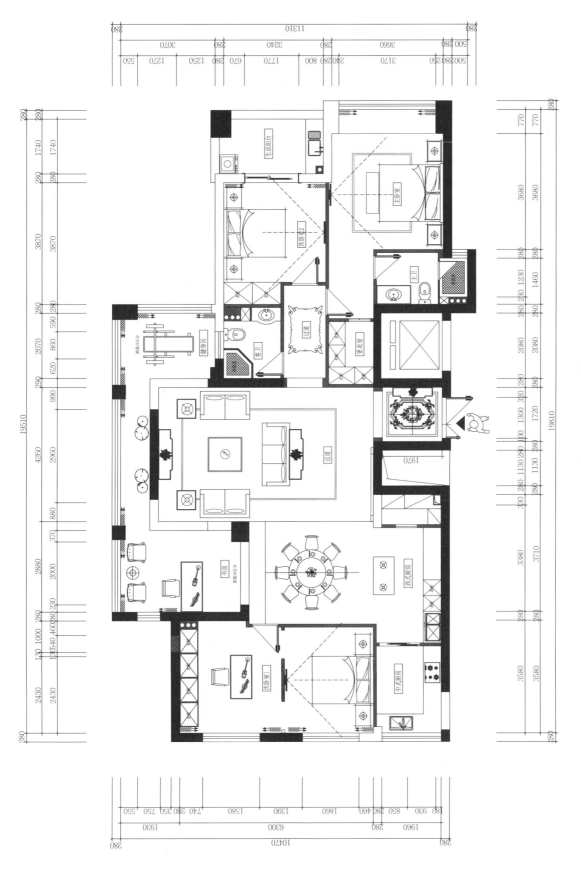

图 2-3　住宅室内空间布局范例

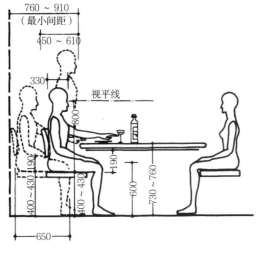

图 2-4 最小就坐区间（不可通行）

图 2-5 座椅后最小可通行间距

2.为确定家具尺度及使用范围提供依据

不管是沙发、电视柜、茶几、双人床等坐卧类家具，还是衣柜、书柜、橱柜等储藏类家具都应该是舒适、安全、美观的。因此它们的尺度必须依据人体的基本尺寸和活动范围来确定，并进行设计，如图 2-6 所示，以满足人民的生理、心理要求。同时，人在使用这些家具的时候，周围必须留有充分的活动区域和使用空间。

除此之外，在进行设计的时候还应该注意以下几个问题，即哪类尺寸应按照较高的人群来确定，哪些应按照较矮的人群来确定。

按照较高的人群来确定的包括：门洞高度、室内空间高度、楼梯间顶高、栏杆高度、阁楼净高、地下室净高、灯具安装高度、淋浴喷头高度、床的长度等。这些尺寸一般要按照男性身高上限加上鞋的厚度来确定。

按照较矮的人群来确定的包括：楼梯的踏步、盥洗台的高度、厨房操作台的高度、厨房吊柜的高度、挂衣钩的高度。这些尺寸一般按照女性人体的平均身高加上鞋的厚度来确定等。

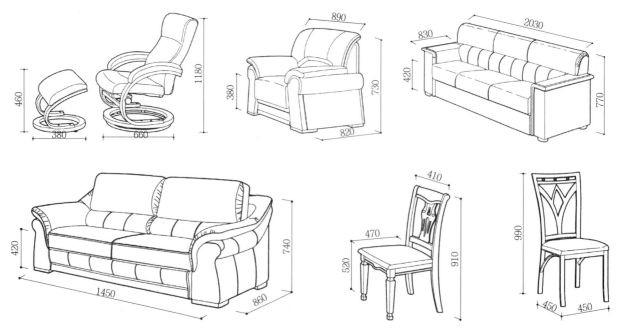

图 2-6 常见座椅的尺寸图

第三章　住宅室内空间的组成及各组成部分的设计要点

第一节　门厅的设计

一、门厅的功能

登堂入室第一步的所在位置，建筑上的术语叫作门厅。门厅也称玄关，原指佛教的入道之门，被引用到住宅入口处的区域，如图 3-1 所示。门厅是给客人的第一印象的关口，如果对门厅认真地加以设计，把它迎来送往的功能强化出来，会给你一个小小的惊喜。住宅是具有私密性的领地，大门一开，有门厅作为过渡空间，便不会对室内一览无余，起到一个缓冲过渡的作用。就是家里人回家，也要有一块放雨伞、挂雨衣、换鞋、搁包的地方。平时门厅也是接收邮件、简单会客的场所。

二、几种常见的设计方法

（1）低柜隔断式，以低形矮台来限定空间，既可储放物品杂件，又起到划分空间的功效，如图 3-2 所示。

（2）玻璃通透式，以玻璃作装饰隔断，既分隔大空间又保持了大空间的完整性，如图 3-3 所示。

（3）格栅围屏式，主要是以带有不同花格图案的透空木格栅屏作隔断，能产生通透与隐隔的互补作用。如图 3-4 所示。

图 3-1　门厅设计案例

图 3-2　低柜隔断设计案例

图 3-3　玻璃隔断设计案例

图 3-4　格栅隔断设计案例

（4）半敞半隐式，以隔断上下部或左右有一半为完全遮蔽式设计，如图 3-5 所示。

（5）顶、地灯呼应方式，这种方法大多用于门厅比较规整方正的区域。

（6）实用为先装饰点缀，整个门厅设计以实用为主。

（7）随形就势引导过渡。

（8）巧用屏风分隔区域，如图 3-6 所示。

图 3-5　半敞半隐式隔断设计案例

图 3-6　屏风隔断设计案例

（9）华丽大方式对空间较大的住宅门厅可处理得豪华、大方些，如图3-7所示。

（10）通透门厅拓展空间，空间不大的门厅往往采用通透设计，以减少空间的压抑感，如图3-8所示。

图3-7　豪华门厅设计案例

图3-8　通透门厅设计案例

第二节　起居厅的设计

一、起居厅的功能

如图3-9所示，起居厅目前在大多数普通家庭里不仅是接待客人的地方，更是家庭生活的中心，是家人欢聚时活动最频繁的地方。忙碌一天之后，全家人团聚在这个小天地里，沟通情感、共享天伦，享受家庭的舒适，因此，在家庭装修中，起居厅的设计和布置不但是不可置疑的重点存在，如图3-10所示，而且，起居厅的设计也对整套住宅的室内装修设计定位起主导作用，在起居厅的基调确定以后，其他房间应与之相协调。

二、起居厅的设计要点

目前在居住空间中将起居与接待空间分厅设置的不多，一般起居厅白天可能是儿童的嬉戏地、家庭成员的工作室，晚上便又成了家人聚集、畅叙或看电视、听音乐、接待来访宾客的空间。也就是说，由于空间的限制，许多家庭无法依用途将起居厅分为会客区、视听区、娱乐区等，起居厅便成为现代家庭多功能综合性的活动场所。住宅中没有一个空间像起居厅这样具有如此多的用途。设计上除一般展示、接待功能之外，有时还要兼具阅读、写作和餐饮等功能，多数起居厅还兼有门厅的功能。总之，起居厅是住宅中用途最广泛的空间。

起居厅应该宽敞、明亮，通风好，朝向好，其形式要考虑家庭的结构、年龄、社会状况、生活习性及个人喜好等多种因素，使功能形式、陈设构成、空间区划及平面布置都能达到物尽人意、宽舒适宜的效果。

三、风格的确定

起居厅的装饰装修风格多样（图3-11、图3-12），不仅有中式（古典）、欧式（西式古典、现代）风格、日式风格和现代风格，还有回归自然的田园风格、简朴典雅或富贵华丽的都市风格等。这些风格都凝聚了不同民族的文化个性与艺术特点，并融入了不同时代的风尚与色彩，也反映了主人的个性。选择了哪一种风格的起居厅，就意味着选择了一种独特的生活方式。了解了居室设计大体的风格后，便要对需要的风格有一个概念。然后，根据家庭成员的喜好和居住条件选定起居厅的设计风格。一般来说，如果居住面积不太大，适宜选择简洁大方的现代风格和小巧温馨的田园风格；如有条件，也可选择东西兼容、现代中点缀着古典的混合式风格。

如果房间宽阔，顶棚很高，选择新古典主义设计较为适宜。因为这种空间环境与新古典主义陈设的高贵典雅、丰富庄重相得益彰，适宜表现成功人士的身份和大家气派。如果选择现代设计，则需注意选择的家具和饰物线条应柔和一些，色彩丰富一些，质地柔软一些，着意营造温馨的氛围，否则，宽大的房间会产生空旷和单调呆板的感觉。

图 3-9　起居厅设计案例

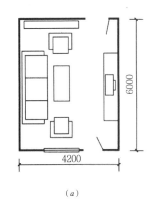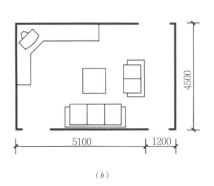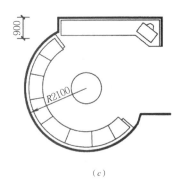

（a）　　　　　　　　　　　　　　（b）　　　　　　　　　　　　　　（c）

图 3-10　起居厅布局设计

图 3-11　田园风格起居厅　　　　　　　　　　图 3-12　现代风格起居厅

四、色调的选择

确定了风格也就基本上确定了色调，起居厅的色调要与选定的风格相一致，如新古典风格的居室宜选用和谐的色调，且多以米色或浅棕色为基调，现代风格的起居厅可选择白色或纯度较高的黄、蓝、绿甚至红色等艳丽色彩加以装饰，但要注意色彩的搭配，如图 3-13 所示。

五、式样随功能而变

式样总是随着功能的需求而改变的。起居厅的面貌也正在发生着变化，它们变得舒适、温馨、热情，如图 3-14 所示。

起居厅可以设计得非常漂亮，但舒适是最重要的，比如松软、毛茸茸的靠垫，像天鹅绒一样的织物可以创造柔软舒适的气氛，显示主人的品

图 3-13　起居厅的色调搭配

图 3-14　皮质沙发家具

位与热情。

如果喜欢朴素，那么自然的简约风格是十分适合的。天然纤维，如亚麻、棉和羊毛是非常流行的用于沙发罩、窗帘和地毯的材料。淡绿色、黄褐色、米色和灰褐色窗帘都是深受欢迎的。

近来也有一种用媒体室、锻炼室、家庭办公室或台球厅来取代传统的起居厅。但是对大多数人来说，起居厅仍然是多功能的实用空间，但装修也正逐步跟上时代的步伐。

六、起居厅的主题墙

主题墙是指起居厅中最引人注目的一面墙，是放置电视、音响的视听背景墙，也是家人与客人常常要面对的那面墙。通常在装修起居厅时都会在主题墙上大做文章，采用各种手段来突出其个性。

主题墙的做法十分灵活，传统家庭起居厅主体墙的做法，都是采用装饰板或文化石将电视背后的墙壁铺满。进入新世纪，起居厅主体墙已不仅仅局限于"视听背景墙"的概念，所使用的装修材料也丰富起来。以下是几种起居厅主题墙的装饰手段。

（1）利用文化石做主题墙，但不必满铺满贴，只要错落有致地点缀几块，同样能达到不同凡响的装修效果，如图3-15所示。

（2）利用各种装修材料如木材、装饰布、毛坯石，甚至金属等在墙面上做一些造型，以突出整个房间的装修风格，如图3-16所示。

（3）采用装饰板作搭配，压实主题墙的一种装饰手法，如图3-17所示。

图3-15　文化石装饰主题墙

图3-16　主题墙装饰设计案例

（4）在视听综合柜的墙面与顶棚均以深色木收边，边缘一直延伸至门厅拐角处。木边以及电视柜使墙面产生立体感，木边下方的射灯利用光源使进深感增加，再搭配紫色的艺术墙漆，突出了墙面效果，如图 3-18 所示。

（5）主题墙看上去像是壁炉。白色的壁炉及两旁实用的装饰柜，使得整体设计极具欧式韵味，

如图 3-19 所示。

（6）起居厅中有了主题墙，其他墙壁就可以简单一些，刷白或刷其他单一的颜色，这样才更能突出主题墙的效果，而且也不会产生杂乱无章的感觉，另外，家具也要与主题墙的装修相匹配，以获得完美的效果。

图 3-17　装饰木板主题墙

图 3-18　特色主题墙设计案例

图 3-19　壁炉装饰主题墙

七、起居厅的功能设置

（1）起居厅的休闲区

起居厅的休闲区主要是指一般家庭摆设沙发和茶几的部分，它是起居厅待客交流与家庭团聚的主区，因此，沙发和茶几的选择与摆放就显得十分重要。

1）沙发的选择。选购沙发前，应对空间大小尺寸、摆放位置等作详细考虑，要根据起居厅面积、风格以及自己的爱好选择。沙发款式色彩、舒适与否，对于待客情绪和气氛都会产生很重要的影响。

2）茶几是摆置盆栽、烟缸及茶杯的家具，亦是聚客时目视的焦点。茶几形式和色泽的选择既要典雅得体，又要与沙发及环境协调统一，如图3-20所示。

（2）起居厅的视听区

视听区是指放置电视与音响的地方。人们每天通过视听区接受大量的信息，或听音乐，或看电视、录像，以消除一天的疲劳。在接待宾客时，也常需利用音乐或电视来烘托气氛，弥补短暂的沉默与尴尬，因此，现代住宅越来越重视起居厅视听区的设计。视听区的设计主要根据沙发的摆放方向而定。通常，视听区布置在主座迎着立面的斜角范围内，也就是主题墙一侧，并应能达到最佳声学、美学的效果，如图3-21所示。

图 3-20　起居厅茶几设计案例

图 3-21　起居厅视觉区设计案例

设计起居厅视听区必须考虑以下几点：

1）预留视听空间。一般家庭大多均把视听设备，如电视、音响等放在起居厅里。因而在起居厅装修前，一定要先看看自己家里有哪些视听设备，还准备添换哪些设备，这些设备尺寸是多少，然后将这一些情况告诉设计师，并与设计师共同协商，做出一个全面规划，为视听器材预留出合适的空间位置。

2）不要忘记预埋必需的线路。特别是要装环绕式立体声音响的家庭，预埋音箱信号线更是必不可少的工作。因为一般的组合式环绕立体声音响均有至少五个音箱，即一只中置音箱、两只主音箱和两只环绕音箱。两只环绕音箱应放在与电视屏幕相对的墙面上，这样就需预埋暗线。如果不预埋暗线，只能走明线，那将会破坏起居厅的整体视觉效果。信号线要用专用的音响信号线，并用PVC管包好，然后在地上和墙面上开槽走管。预埋线路时要注意将音响信号线与冰箱、空调的线路分开，独立走线。因为空调、冰箱的启动会对音频系统产生影响。

3）音箱的位置也很有讲究。中置音箱应放在电视屏幕正下方或正上方，两个主音箱分别放在屏幕的旁边，这样声音才真实。两个环绕音箱应正对两个主音箱，高度应比人坐下时的耳朵高度高30～50m。

4）墙面的质地要适当。电视墙宜用木质，大部分的视听器材，如VCD机、DVD机、功放和主音箱一般都集中在电视机的周围。有的人喜欢"四白落地"，不想对电视墙进行任何的装饰。但是由于电视机会产生高压放电现象，使用一段时间后就会造成电视机后部镜面变黑，反复擦洗也无法除去黑印，使墙面很难看。较好的办法是对这一部分进行适当装修，如用饰面板或软木做出一个简洁大方的造型，并刷上油漆等以便日后清理方便。

5）建造好的声环境。顶棚最好不用大面积的石膏板吊顶，那样会引起振荡的空洞声。总之，室内各种平面与家具的装修安置要注意软硬材质的平衡。硬质物体表面反射声音的能力较强。大功率音响播放的声音被吸收得较多会导致音响效果降低。近来人们广泛采用文化石。由于文化石

对声波的反射较强，会对音响效果产生一定影响，一般不宜大面积使用。电视柜材质最好选用各种实木和复合板材，这样共鸣效果较好。

最近装修行业出现了一个新的家装概念，即家装视听一体化服务。就是在作家庭装修时，将起居厅的装修装饰与视听器材的配置安装进行统一规划，通盘考虑，起居厅的设计、材料的选择、家具的配置等都尽量与视听器材相配合，以达到装修与视听器材相得益彰的效果。这种家装视听一体化服务在我国刚刚开始，而在欧美等发达国家已非常普遍，而且已向智能化方向发展。

（3）起居厅的角落

起居厅的角落总是较难处理的，一般要注意以下几点：

1）在角落处可以直接摆放有一定高度的工艺瓷器或用玻璃瓶插上干花，如图3-22所示。

2）可摆放一个高0.7~0.8m的精品架，架上可摆一盆鲜花或一尊雕像。精品架造型宜选择简洁大方的，可以是全木质的，也可配少量金属，或者完全由金属架构成，如图3-23所示。

3）在角落上方离地面1.8~2m处挂一两个紧贴墙体的花篮，插上您喜欢的干花或绢花，或者选择挂一个与起居厅风格一致的壁挂式木雕，还可以挂上一串卡通小动物饰物等。

图3-22　起居厅瓷器摆设

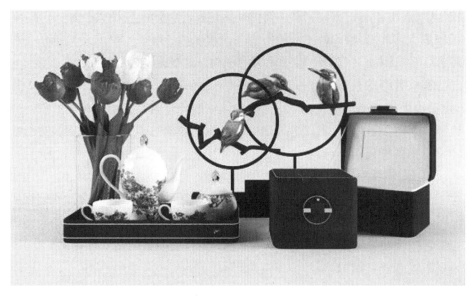

图 3-23　起居厅软装搭配

4）设角柜。下角柜高度在 0.6m 左右，上角柜高度在 0.4m 左右，中间部分 0.9m 左右。隔板为扇形玻璃，间距任意选定，层板上搁置工艺品，或者在上下角柜间做造型，甚至可将下角柜做成花池，种些造型独特的植物。

5）在经过处理的角落上方加射灯，会让角落更富有生气。

八、起居厅的照明

（1）利用灯光创造独特意境

起居厅和卧室的照明设计有着不同的要求。起居厅的照明设计应功能完备并富有层次，最好选择两三种不同的光源，例如，一间较大的起居厅应装有调光器的吊灯、台灯或高脚台灯、壁灯、阅读灯。这样可以增添房间个性又创造出独特的情调，如图 3-24 所示。

（2）用灯光扩展小起居厅

起居厅的顶棚以前流行的做法普遍是做出不同层次或圆或方的假吊顶，再挂上一盏大吊灯，使起居厅具有一种豪华、大气的感觉。现在这种装修顶棚的模式正在改变。引起这种变化的原因之一是目前许多起居厅都有顶棚过低的问题，吊顶会浪费很多空间；二是那种体积大的吊灯容易使空间显得压抑。设计师在设计吊顶时，已经开始借助照明灯方式，利用有限的空间使房间看起来更高，更宽敞，也更明亮。

1）在所有的灯具开关上安装调光器，可以很容易改变室内的氛围。

2）利用桌灯作为辅助照明，创造出更深入的亲密感。

3）在个别的家具、植物与地面之间的空处加入一些可移动式朝天灯，可以让整个房间看起来大一些。

4）借着可移动式与镶壁式朝天灯，将光线投射向顶棚与墙面，便可以增加它的高度。

5）没有烦琐的吊顶，没有大体积的吊灯，利用简单的造型、大胆的设计和点光源的配合，起居厅同样有宽敞、舒适的效果，如图 3-25 所示。

6）利用带彩绘的玻璃顶棚突出门厅的特定区域，起居厅边缘凹进的灯槽成为屋顶的亮点。

九、起居厅的设计技巧

（1）增加起居厅采光的办法

许多起居厅处于居室的中心，没有窗户，因而造成光线不足，可以采用一些设计技巧，达到良好的视觉效果，例如，一间面积 18m² 左右的起居厅，可采用浅色的沙发和条纹靠垫，配以立体造型的电视背景墙，勾画出一个温馨的会客空间。在视听区的一面墙上打通一部分墙体，做上磨砂玻璃和铁艺造型，将隔壁厨房的光线引入起居厅，既增加了起居厅的采光，也可使用电视背景墙具有独特个性。

图 3-24　起居厅的灯光照明

图 3-25　宽敞、舒适的起居厅空间

（2）地台的分隔作用

进深比较长的起居厅，为使它不至于显得空旷，可以在分区上进行精心构思，如在会客区用实木地板打造一个地台，地台上放置沙发、电视柜，看起来休闲味十足。

（3）营造休闲点滴

1）布置一个休闲角。如图 3-26 所示：一只舒适而柔软的布艺沙发，后边一盏落地灯，沙发旁边一个小型的书报架或一只圆形小茶几；茶几上摆放一份耐人寻味的工艺品，形成家人读书看报、喝茶养身的小天地。

2）清理藏书营造轻松氛围。一些文化人家中常有书满为患的感觉，其实有许多的书白白占用着空间，不妨清理一下，把一些不常看的书注册登记后打包装箱，然后在空下的书橱里放几件精美的工艺品，如奇石、木雕、瓷器、铜器、玻璃器皿等。

3）地毯铺出娱乐空间。地毯在家庭休闲中极富凝聚力，平时，可卷起来放在屋角，休闲娱乐时铺开，一家人席地而坐，显得亲近又放松，对孩子来讲更是玩耍的好地方。

图 3-26　起居厅休闲区

十、起居厅和饰物、植物的色彩

角落处放置特制的角柜，即可储物又可放些小物件，有利于调整布局和气氛。

起居厅是全家的活动中心，还要接待来客，因而在色彩设计上最富挑战，最能体现主人的追求，一般家庭也比较重视。如若希望在此能与来客激起活泼有趣的谈话，增添黄色会有好的效果；如果想在紧张工作一天后，在此卷起双脚窝在椅子里休闲一下，柔和的蓝色与绿色将更适宜；如习惯于在起居厅中深思冥想，则可在色彩中增添点紫色，不仅使你感到宁静，更能启迪人的智慧。沙发是起居厅中主要的家具，不同款式、不同的质地能显示不同的风格。沙发与地面、墙面的色彩应注意明度上的距离；靠垫、茶几、饰物要注意色彩纯度上与主要色的区别，它们是整体色调的点缀。总之，强调对比与谐调，才能达到赏心悦目的效果，如图 3-27 ~图 3-29 所示。

图 3-27　色彩丰富的起居厅设计案例一

图 3-28　色彩丰富的起居厅设计案例二

图 3-29　色彩丰富的起居厅设计案例三

第三节　餐厅的设计

一日三餐，对于每个人都是不可或缺的，那么进餐环境的重要性也就不言而喻了。许多住房紧张的城市家庭，还很难在有限的居住面积中辟出一间独立的餐厅。但是与起居厅或客厅组成一个共用空间，营造一个小巧开放而实用的餐厅还是完全可能的。当然，对于居住条件大有改善的家庭，单独的餐厅才是最理想的。

在设计餐厅时，要注意与居室环境的融合，应充分利用各种家具的功能设施营造就餐空间，使餐厅给你以方便与惬意，如图 3-30 所示。

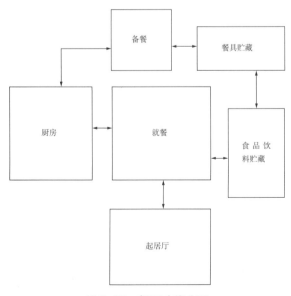

图 3-30　餐厅功能分区

一、餐厅的空间设置

餐厅的布置方式主要有四种：①厨房兼餐厅；②起居厅兼餐厅；③独立餐厅；④过厅内布置餐厅，如图 3-31 ~ 图 3-33 所示。

餐桌、餐椅和餐饮柜等是餐厅内的主要家具，合理摆放与布置才能方便家人的就餐活动，这就要结合餐厅的平面与家具的形状安排。狭长的餐厅可以靠墙或窗放一长桌，将一条长凳依靠窗边摆放，桌另一侧摆上椅子，这样，看上去地面空间会大一些，如有必要，可安放抽拉式餐桌和折叠椅。

独立的餐厅应安排在厨房和起居厅之间，可以最大限度地缩短从厨房将食品摆到餐桌的距离，以及人们从起居厅到餐厅就餐的距离。如果餐厅与起居厅设在同一个房间，应尽可能使两者之间在空间上有所分隔，如可通过矮柜或组合柜等作半开放式的分隔。餐厅与厨房设在同一房间时，只需在空间布置上有一定独立性就可以了，不必作硬性的分隔。

二、餐厅内装修材料

餐厅的地面、墙面和顶棚材料的品种、质地、色彩既要与居室的其他空间相协调，又要相对有点自身的特点。

（1）地面一般应选择表面光洁、易清洁的材料，如大理石、花岗岩、地砖。

（2）墙面在齐腰位置要考虑用些耐碰撞、耐

图 3-31　厨房兼餐厅设计案例

图 3-32　起居厅兼餐厅设计案例

图 3-33　独立餐厅设计案例

磨损的材料，如选择一些木饰、墙砖作局部装饰的护墙处理。

（3）顶棚宜以素雅、洁净材料作装饰，如乳胶漆、局部木饰，并用灯具作烘托，有时可适当降低顶棚高度，可给人以亲切感。

整个就餐空间应营造一种清新、优雅的氛围，以增添就餐者的食欲。若餐厅内就餐空间太小，餐桌可以靠着有镜子的墙面摆放，或在墙角运用一些镜面和装饰与餐具柜相结合，给人以宽敞感，如图3-34所示。

三、餐厅的色彩

餐厅的环境会影响就餐人的心情：食物的色彩能影响人的食欲，餐厅的色彩会影响人就餐时的情绪。餐厅的色彩因个人爱好和性格不同而有较大的差异，但总的来说，餐厅色彩宜以明朗轻快的色调为主，最适合用的是橙色以及相同色相的姐妹色。这些色彩都有刺激食欲的功效，它们不仅能给人以温馨感，而且能提高进餐者的兴致。家具颜色较深时，可通过明快清新的淡色或蓝色、绿色、红色相间的台布来衬托，桌面配以绒白餐具。整体色彩搭配时，还应注意地面色调宜深，墙面可用中间色调，顶棚色调则宜浅，以增加稳重感。

四、餐厅的灯光

在不同的时间、季节及心理状态下，人们对色彩的感受会有所变化。这时，可利用灯光来调节室内的色彩氛围，以达到利于就餐的目的。灯具可选用白炽灯，经反光罩以柔和的橙光映照室内，形成橙黄色环境，给人生机勃勃的感觉。夏季，可用冷色调的灯，使环境看上去凉爽；冬夜，可选用烛光色彩的光源照明，或选用橙色射灯，使光线集中在餐桌上，会产生温暖的感觉，如图3-35所示。

五、餐厅家具的选择

（1）餐厅的家具

餐厅的家具从款式、色彩、质地等方面要特别精心地选择。

1）餐厅家具式样。最常用的是方桌或圆桌，近年来，长圆桌也较为盛行。餐椅结构要求简单，

图3-34 镜面和装饰与餐具柜相结合空间　　　　　　图3-35 餐厅的灯光设计案例

最好使用折叠式的。特别是在餐厅空间较小的情况下，折叠起不用的餐桌椅，可有效地节省空间。否则，过大的餐桌将使餐厅空间显得拥挤。所以有些折叠式餐桌更受到青睐。餐椅的造型及色彩要与餐厅相协调，并与整个餐厅格调一致。

2）餐厅家具更要注意风格处理。显现天然纹理的原木餐桌椅，充满自然淳朴的气息。金属电镀配以人造革或纺织物的钢管家具，线条优雅，具有时代感，突出表现质地对比效果。高档深色硬包镶家具，显得风格优雅，气韵深沉，富含浓郁的东方情调。在餐厅家具安排上，切忌东拼西凑，以免让人看上去凌乱又不成系统。

3）应配以餐饮柜，即用以存放家具、用品（如酒杯、起盖器等）、酒、饮料、餐巾纸等就餐辅助用品的家具。

4）设置临时存放食品用具（如饭锅、饮料罐、酒瓶、碗碟等）的空间。

（2）餐桌的类型与大小的选择

餐桌空间的最小尺寸是多少？相信这是许多需要购买餐桌的人所关心的问题。对于许多人数较少而且人均面积较小的家庭，购买一款占用面积较小的餐桌，是一个合适且合理的选择，如图3-36和图3-37所示。

（3）方桌

760mm×760mm 的 方 桌 和 1070mm×760mm 的长方形桌是常用的餐桌尺寸。如果椅子可深入桌底，即便是很小的角落，也可以放一张六座位的餐桌，用餐时，只需把餐桌拉出一些就可以了。760mm 的餐桌宽度是标准尺寸，至少也不宜小于 700mm，否则，对坐时会因餐桌太窄而互相碰脚。桌高一般为 730～760mm，配 400～430mm 高度的座椅，如图 3-38 所示。

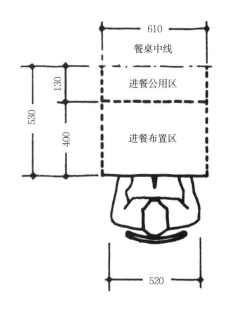

最小进餐布置尺寸（西餐）

图 3-36　进餐布置最小尺寸

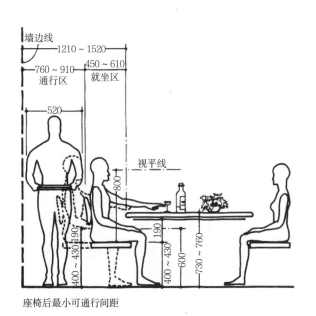

座椅后最小可通行间距　　　　最小就坐区间距（不能通行）

图 3-37　餐桌空间最小尺寸

（4）圆桌

一般中小型住宅如用直径为1220mm的圆形餐桌，在家庭聚餐中使用往往会因为过大，而定做一张直径为1220mm的圆桌，同样可坐8～9人，但看起来空间较宽敞。如果用直径900m以上的餐桌，虽可坐多人，但不宜摆放过多的固定椅子。如用直径为1220mm的餐桌，放8张椅子就很拥挤，可放4～6张椅子，人多时可取用折叠椅，如图3-39所示。

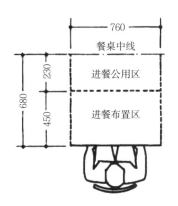

最佳进餐布置尺寸

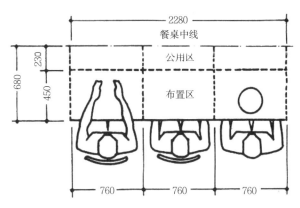

三人进餐桌布置

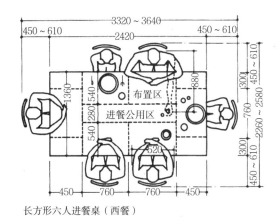

长方形六人进餐桌（西餐）

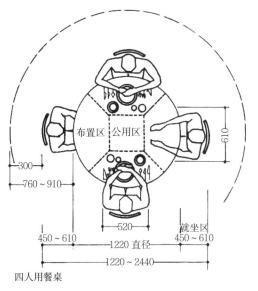

四人用小方桌

图 3-38　方桌类型与尺寸

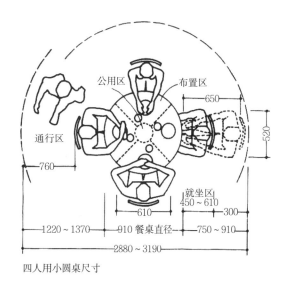

四人用餐桌

四人用小圆桌尺寸

图 3-39　圆桌类型与尺寸

（5）开合桌

开合桌又称伸展式餐桌。它可由方桌或圆桌变成长桌或椭圆桌，如一张 900mm 的方桌或直径为 1050mm 的圆桌可变成 1350～1700mm 的长桌或椭圆桌，很适合中小型住宅使用。这种餐桌从15 世纪开始流行，至今已有 500 年历史，是一种很受欢迎的餐桌。不过要留意它的机械构造，开合时应顺滑平稳，收时应方便对准闭合。

圆桌比方桌更方便，它可获得较好的空间调整。使用圆桌就餐还有一个好处，就是坐的人数有较大的宽容度。只要把椅子拉离桌面一点，就可多坐人，不存在使用方桌时坐转角不方便的弊端。

（6）折叠桌

折叠桌当然最适合于小户型，最早出现的折叠桌一般是圆桌。它是靠钢管制作的可折叠的腿实现闭合的。不用的时候，它的桌面能竖立起来靠墙而立。还有一种椭圆形折叠桌，当把它两侧的半圆桌面落下去后，便成为一个窄长的条桌，在它的腹腔里还可以放置四把配套的折叠椅，它的底部配有方向轮，可以随意轻松地推向别处。

六、餐厅的陈设

餐厅陈设布置决定就餐区的视觉氛围，如图3-40 所示。

（1）家人围坐在餐桌边吃饭，视线以平行为主，且各个方向均等。因此，对就餐区周围的墙壁装修应以统一色调和风格为基本原则。

（2）要注重从地面到 1.8m 这一范围的装修，应给人以温馨洁净的感觉。餐厅的陈设应简单、美观和实用。设置在厨房中的餐厅装修，应注意与厨房内的设施相协调，如图 3-41 所示；设置在起居厅中的餐厅的装修，应注意与起居厅的功能和格调相统一；若餐厅为独立型，则可按照住宅室内整体格局设计得轻松浪漫一些。相对来说，装修独立型餐厅时，其自由度较大。

（3）餐厅中的软装饰，如桌布、餐巾及窗帘等，应尽量选用较薄的化纤类材料。因厚实的棉纺类织物，极易吸附食物气味且不易散去，不利于餐厅的环境卫生，如图 3-42 所示。

（4）餐厅中的花卉能起调节心理、美化环境的作用，但切忌花花绿绿，使人烦躁而影响食欲。例如：在暗淡灯下的晚宴，若采用红、蓝、紫等深色花瓶，会令人感到过于沉重而降低食欲。同样这些花，若用于午宴时，会显得热情奔放。白色、粉色等淡色花卉用于晚宴，会显得很明亮耀眼，使人兴奋。瓶花的插置宜构成三角形。而圆形餐桌，瓶花的插置以圆形为好。应该注意到餐厅的功能主要是品尝佳肴，因此不宜用浓香的品种，以免

图 3-40　餐厅陈设布置

干扰对食品的味觉。

（5）可以在餐厅角落摆放一株喜欢的绿色植物，或在竖向空间上点缀绿色植物，如图3-43所示。

（6）餐厅中灯具的造型不宜太烦琐，但要有足够的亮度。可以是安装方便实用的上下拉动式灯具，也可运用发光孔，通过柔和光线，既限定空间，又可获得亲切的光感。

（7）餐厅的角落可以安放一只音响，就餐时，适时播放一首轻柔美妙的背景乐曲，可促进人体内消化酶的分泌，促进胃的蠕动，有利于食物消化。

（8）其他装饰品，如字画、瓷盘、壁挂等，可根据餐厅的具体情况灵活安排，用以点缀环境，如图3-44所示。但要注意不可太多而喧宾夺主，让餐厅显得杂乱无章。

图 3-41　餐厅陈设设计案例

图 3-43　绿化植物点缀空间

图 3-42　环境卫生的餐厅设计案例

图 3-44　装饰品点缀空间

第四节　厨房的设计

厨房作为家庭烹饪的场所，是住宅中使用频率最高、家务劳动最集中的地方，它在人们的日常生活中占有很重要的位置，因此，是住宅中应该精心设计的地方。如果我们把以往晦暗、繁乱的厨房变成一个独具匠心、体现出温馨浪漫情调的舒适工作空间，便会为生活增添无限的情趣，如图 3-45 所示。

一、现代厨房的设计原则

住宅总体空间布局上，厨房应该邻近餐厅、起居厅，并能顺利排放杂物，清理垃圾。厨房应遵循交通便利、材料牢固、充分利用贮存空间的原则进行设计布局。由于住宅面积各不相同，厨房的大小、长度不同，门窗、煤气、管道等差异很大，不论采取哪种形式都要满足功能要求。从菜蔬进入厨房，到冰箱、储物柜贮存，再到工作台洗、切、料理，清理残余，各项配备位置要合理，制作流程要顺畅。厨房功能分区如图 3-46 所示。

二、厨房的布置模式

就目前国内住宅条件，厨房所占面积有限，为 $4\sim8m^2$。因此，如何利用有限空间容纳最多的家什就显得十分重要。根据厨房所占面积和形状等具体条件，布置模式大体有以下几种形式：

（1）一字形。如图 3-47 所示，顾名思义，即把所有的工作区都安排在一面墙上，通常在空间不大、走廊狭窄情况下采用。此种设计优点在于将储存、洗涤、烹饪归集在一面墙空间，贴墙设计。

图 3-45　厨房设计案例

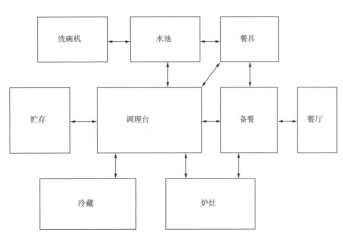

图 3-46　厨房的基本功能

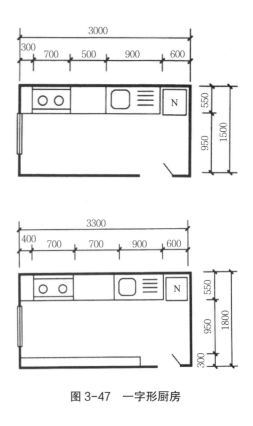

图 3-47　一字形厨房

所有工作在一条直线上完成，节省空间。但工作台不宜过长，否则易降低效率。在不妨碍通道的情况下，可安排一块能伸缩调整或可折叠的面板，以备不时之需。这是最简单的一种模式，但不是最理想的设计方案，如图 3-48 所示。

（2）走廊式，也叫并列式、双墙式、二字式。这种设计适宜面积较大或方形的厨房。其通常沿相对的内面墙设计，洗涤和储物组合在一面墙，而用于烹调的备案台和灶台设计在相对的另一边墙，人在中间的走廊区活动。因为两个工作区分开，

因此走廊间距最好在 80cm 左右。如有足够的空间，餐桌可安排在房间尾部，如图 3-49 所示。

（3）曲尺形。如图 3-50 所示，这种设计适宜宽度在 1.8m 以上且较长的厨房。其是将储物、洗涤等工作依次配置于相互连接的墙壁空间，最好不要将一面设计的过长，以免降低工作效率。这种设计是最普遍的一种形式，优点是可以方便各工序的操作，如图 3-51 所示。较大一点的厨房还可以在"曲尺"的对角设计餐桌。

图 3-48　一字形厨房设计案例

图 3-49　走廊式厨房设计案例

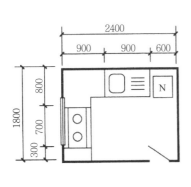

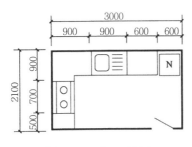

图 3-50　曲尺形厨房

图 3-51　曲尺形厨房设计案例

（4）U形。如图 3-52 所示，这种设计适用于面积较大且接近方形的厨房。它是将储物、洗涤、烹饪等工作区沿三面墙展开，操作空间大，可同时容纳几个人操作，是比较理想的一种设计方式。其工作区共有两处转角，和曲尺形的功用大致相同。水槽最好放在 U 形底部，并将配膳区和烹饪区分设两旁，使水槽、冰箱和炊具形成一个正方角形。U 形之间的距离以 1200~1500mm 为宜，使三边总长在有效范围内。此设计可增加更多的收藏空间，如图 3-53 所示。

（5）变化形。其根据四种基本形态演变而成，可依空间及个人喜好有所创新。将厨台独立为岛形，是一款新颖别致的设计。所谓岛形，是沿厨房四周设计橱柜，并在厨房中央设置"中央岛"，如图 3-54 所示。这个岛包括了小型的料理台、就餐区域和一个小型的小槽。"中心岛"可用早餐、熨衣服、插花、调酒等，如图 3-55 所示。

三、厨房的色调选择

住宅的装修不可忽视，而厨房装修最重要的莫过于色彩的选择，可根据个人的喜好进行选择。

（1）厨房选择暖色能突出温馨、祥和的气氛；总体如果用较深的颜色，局部则应配以浅黄、白色等淡雅的颜色。地面宜采用深红、深橙色装修，如图 3-56 所示，墙壁的色彩可多样化。

（2）红色作为橱柜与地面的主色调，用黑色

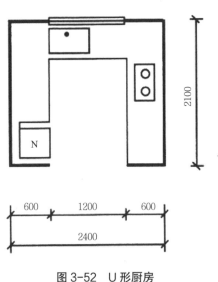

图 3-52　U 形厨房

图 3-53　U 形厨房设计案例

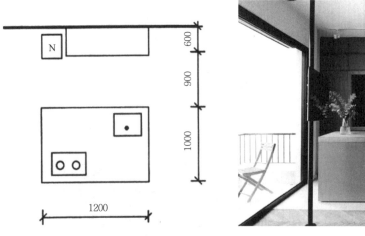

图 3-54　中岛形厨房

图 3-55　中岛形厨房设计案例

图3-56　厨房色彩设计案例

加以点缀，沉稳却不显厚重，配上白彩带可避免单调的感觉。再配上一盆绿色植物，更能使厨房变得温馨、祥和。

（3）粉色系也较易为人所接受,它欢快而柔美，年轻主妇们在装修厨房时不妨一试。

（4）绿色系活泼而富有朝气和生命力，若再配以黄色，更可使黄色系热情中充满温馨。

（5）可以选择平淡的色彩，它具有稳定平和家人情绪的功效。如以棕灰色做主色调，比较适合多数人的爱好。大面积采用浅棕色则具有明亮感；白色或茶色色调偏中性色，不仅灵活雅致，而且容易与其他色调协调；白色使空间通透宽敞，给人一尘不染的洁净感。

（6）用一些清新、淡雅的颜色，可以给人一种清爽的感觉，而且也更容易清理，如蓝色系清丽浪漫，具有凉爽感。

（7）木质的天然本色能给人以回归自然的美好感觉。

四、厨房的设计提要

（1）应保证良好的通风采光。炉口不应对着厨房门，这是因为空气对流易使炉火熄灭造成危

险。厨房门也应避免面对卫生间门,避开潮湿雾气。如果厨房使用频率高，就要选择吸力强的抽油烟机。

（2）厨房设计会影响家庭行为，应考虑到使用者与厨房的关系，实现空间与人的互动。通常，健康、开放的家庭，厨房会设计得比较开放，如运用玻璃砖、可开关的玻璃拉门（外部可选用喷砂玻璃）。选择浅色系、明度高的涂料，同色系的冰箱、厨具、洗碗机能减轻因空间小而带来的压抑感，让空间显得明亮、宽敞。

（3）小空间可以巧妙利用空间，如将微波炉放在吊柜下方空间，工作台可以采用抽取式、角落转盘式及其他叠、嵌式等多种手段，以扩大活动空间，营造适意的环境。

五、厨房的常见形式

（1）整体厨房

整体厨房系列产品充分体现了人性化设计理念，为人们日常的厨房操作提供了极大便利。它以家电为基础，通过将厨房家具与电器巧妙融合，实现了厨房家电一体化、功能多样化，一改传统厨房简单烹饪功能，集储物、保鲜、速解、烹饪、净化、热水供应六大功能于一体。

在设计上，充分考虑了空间与人的需要，使厨房空间得到最大限度的利用，冰箱、洗碗机、电子干燥柜、米柜、灶台柜、调料柜、餐具分类抽屉、多功能挂架、不锈钢垃圾桶等专用器具，使厨房里的所有物品都有了容纳之所，一切都显得整洁和谐、井然有序。富有层次的厨房家具及电器组合为厨房平添了几分空间的韵律感，如图3-57所示。

运用人体工程学原理设计的整体厨房，各种操作更加符合人的需要，橱柜中装有的可推拉式滑轨，使得取放物品更加轻松方便。水槽柜采用静音式水槽，流水无声，不易迸溅。调料架近灶台设计,可随手取用。嵌入式灶台采用不粘油设计，易于清洁整理。米柜具有防潮、防蛀、防蚀等性能，定量取米设计使取米准确方便。位于高处的橱柜下部装有下拉式滑道，使不同身高的家庭成员都可以轻松拿到所需物品。为解决厨房拐角不易取

物问题，特地设计了 180° 转篮，轻轻一转，便可将里面的物品呈现出来。

（2）敞开式厨房

敞开式厨房说起来很简单，就是取消厨房与餐厅（或起居厅）相连的一面非承重墙，使厨房与餐厅（或起居厅）合二为一。由于敞开式厨房与其他空间相通，便使之在空间上融为一体。这样一方面开阔了视野，空间上有区分又可互为借用，扩大了空间感；另一方面，正因为与其他空间相通，就更加要求提高装修水平，以便通过相互

借景，达到相映成趣的效果，如图 3-58 所示。

敞开式厨房一般把打掉的墙垛做成一个小小吧台，或做成一个递送饭菜的小操作台，这样既充分利用了空间，又增添了些许情调。敞开式厨房在橱柜的色彩选择上一般也较大胆，大红、湖蓝、翠绿等鲜艳色彩都被搬进厨房，使厨房的景观为整个住宅增色，给人以活泼、现代的视觉享受。

敞开式厨房完全是舶来品，近一年来在国内才开始尝试，但使用效果并不十分理想。欧美国家对厨房极为讲究，厨房不仅面积大，而且装修

图 3-57　厨房家具及电器组合

图 3-58　敞开式厨房设计案例

也很有品味。厨房不光是做饭，而且还是孩子做作业，家人游戏聊天的场所。外国人做饭主要是烤、烹、煮，而且很多是冷食，所以厨房很少产生油烟，用敞开式厨房没什么问题。

从我国的国情来看，敞开式厨房不太适合，因为中国人烹饪讲究煎炒烹炸，油烟极大，再加上辣椒、葱、姜、蒜等气味极具刺激性，就是吸力再大的油烟机，也难保油烟气味不往外扩散。所以，敞开式厨房极容易污染家居环境。目前只有一小部分住宅面积大、人口少，又很少在家做饭的人士适合使用敞开式厨房。为吸收敞开式厨房通透效果好的优点，又避免油烟扩散，也可利用玻璃加以分隔，或做一个折叠式隔断或布帘等。

这样既可以达到有效控制油烟扩散，又可达到通透的效果。

（3）乡村厨房

乡村的人们向往大城市，而如今大城市的人们却向往着自然、返璞归真的乡村。因此，诸如亲手制作的打褶布帘、滚花墙面、仿"风剥雨蚀"的橱柜以及油漆地板等应运而生，造就一个乡村厨房的气息就可以天天感受到乡土的韵味。目前，乡村厨房已日趋完善，它不仅承袭了原有的乡村风格，而且将在乡村度假的感受融进室内。遮光帘、百叶窗或是自然风光替代了打褶窗帘；墙面都铺上瓷砖；橱柜看上去年代久远，但不一定是风剥雨蚀；地面仍旧油漆，但被刷上更为雅致的几何图案。

色彩的作用仍然至关重要，因为如果不使用色彩就无法将乡村风貌带进室内来。田园风光的各种绿色，秋天树叶的温暖红色，甚至池塘的色彩，无论是用在橱柜、油漆地板还是瓷砖上，都能唤起人们对户外生活的联想。色调单一的厨房有时也可以利用隔板上或窗台上的收藏品来增添各种色彩。

引进户外感觉效果最佳，也更富挑战性，但又难以实现。这是因为，直接使用砖石铺地，用原木而不是木板做墙面或顶棚，自然但不现实，材料也很难找到。

六、厨房的设计准则

国外一些研究者对高效能以及功能良好的厨房从设计上进行了总结，提出了一些厨房设计的准则，即家用厨房设计主要参考尺寸及所应考虑的较重要因素：

（1）交通路线应避开操作区；

（2）操作区应配置全部必要的器具和设施；

（3）厨房应位于儿童游戏场附近；

（4）从厨房外眺的景色应是欢乐愉快的；

（5）操作中心包括贮藏中心、准备和清洗中心、烹饪中心；

（6）操作台的长度要小于6~7m；

（7）每个操作台都应设有电插座；

（8）每个操作台都应设有地上和墙上的橱柜，以便储藏各种设施；

（9）应设置无影和无眩光的照明，并应能集中照射在操作台处；

（10）应为准备饮食提供良好的操作台面；

（11）通风良好；

（12）炉灶和电冰箱间最低限度要隔有一个柜橱的距离；

（13）设备上安装的门应避免开启到操作台的位置；

（14）应将地上的橱柜、墙上的橱柜和其他设施组合起来，构成一种连续的标准单元，避免中间有缝隙，或出现一些使用不便的坑坑洼洼和突出部分等。

第五节　卧室的设计

一、卧室的功能

卧室一般可分为主卧和次卧两种。其空间布局根据使用对象与使用的目的不同而不同，如图3-59~图3-61所示。

睡眠是每一个人生命中的重要内容，它几乎要占据生命的1/3，也就是说人的1/3时间是在卧室中度过的。卧室这个完全私密的空间，是人彻底放松、充分休息的地方。有一个舒适安静的卧室环境，可以沐浴爱情的浪漫与温馨，使得睡眠甜美，生活更显多彩。图3-62所示为现代风情的温馨卧室。

卧室是整套住宅中最具私密性的房间，它是成年人传达爱意酿造亲密的私人绿洲；是孩子编织梦想和成长神话的安全地带；是老年人安享晚年的宝地。卧室设计应做到舒适实用，使人身心两悦。

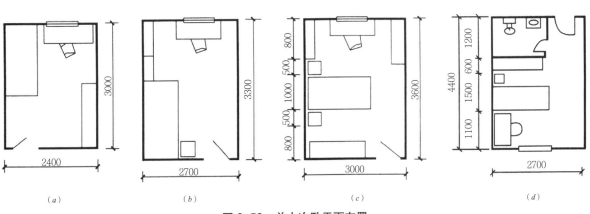

图3-59　单人次卧平面布置

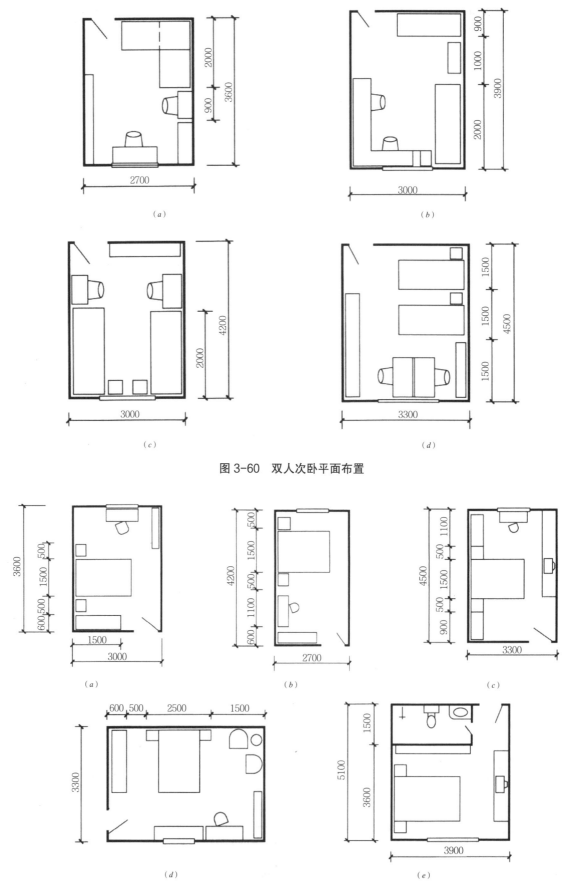

图 3-60 双人次卧平面布置

图 3-61 主卧平面布置（一）

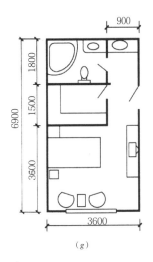

(f)　　　　　　　　　　　　　　(g)

图 3-61　主卧平面布置（二）

图 3-62　现代卧室设计案例

二、卧室的设计要求

卧室的基本功能应以满足主人睡眠、更衣等日常生活的需要为主。围绕基本功能，如果能运用丰富的表现手法，就能使看似简单的卧室变得韵味无穷。

（1）运用各种材料让卧室更具柔情。皮料细滑，壁布柔软，榉木细腻，松木返璞归真，防火板时尚现代，窗帘轻柔摇曳……材料上的多元化

使质感得以丰富展现，也使室内环境层次错落有致，更具柔情，如图 3-63 所示。

（2）床、床头柜与卧室柜是卧室的主体内容。这三件是卧室基本功能的必需品，它决定了整个卧室的格局，主人可以根据所喜欢的样式配套购置。床最主要的是要舒适；而卧室柜可以在装修时做成固定式或嵌入式（图 3-64）；柜橱门可采用滑轨推拉式，使用方便，式样大方美观。

（3）灯光与床头背景墙。床头背景墙可以运用点、线、面等要素，使造型和谐统一而富有变化，如可采用简单而富有人情味的图片、照片，让室内充满生活气息。卧室的灯光应该柔和富有韵味，最好不用日光灯，而采用壁灯或床头灯。为了方便主人睡前阅读，灯光最好是可调的，如图 3-65 所示。

（4）顶棚应简洁。人躺在床上时所需要的是休息，头顶上的顶棚不应引人注目。其顶棚最好不做吊顶或少做吊顶，以不使人觉得压抑。顶棚色调应以素雅取胜，也可在白色的基础上加一点红、黄、蓝等颜色。

（5）墙面。使用涂料和壁纸，可根据个人喜好而定，但要选择无毒无味的产品。墙壁的装修颜色要柔和，以有助于睡眠。

（6）地面。复合木地板配地毯，是卧室地面装修的最佳组合。瓷砖显得冷硬，不适合卧室。满铺毯不易于清理打扫，也不适合卧室。

总之，卧室装修的风格、家具的配置、色调

图 3-63　卧室材料应用

图 3-64　卧室柜设计案例

图 3-65　灯光与床头背景墙设计案例

的搭配、装修美化的效果、灯光的选择及安装位置等，应按个人性格、文化、爱好与年龄的不同而有所区别。

三、卧室的家具与饰物

卧室的家具主要从休闲区、梳妆区、储藏区三个区域入手。

（1）休闲区

卧室休闲区是在卧室内满足主视听、阅读、思考等以休闲活动为主要内容的区域。在布置时可根据居住者在休息方面的具体要求，选择适宜的空间区位，配以家具与必要的设备。

（2）梳妆区

卧室梳妆活动包括美容和更衣两部分。这两部分的活动可分为组合式和分离式两种。一般以美容为中心的都以梳妆台为主要设备，可按照空间情况及个人喜好分别采用活动式、组合式或嵌入式的梳妆家具形式。从效果上看，后两者不但可节省空间，而且有助于增进整个房间的统一感。更衣亦是卧室活动的组成部分，在居住条件允许的情况下，可设置独立的更衣区位，也可与美容区位有机结合形成一个和谐的空间。当空间受限制时，亦可在适宜的位置上设立简单的更衣区。有关卧室梳妆台的尺寸如图3-66所示。

（3）储藏区

卧室的储藏物多以衣物、被褥为主，一般嵌入式的壁柜系统较为理想，这样有助于加强卧室的储藏功能。亦可根据实际需要，设置容量与功能较为完善的其他形式的储藏家具。尺寸如图3-67所示。

四、卧室的绿化

卧室中的绿化应体现出房间的空间感和舒适感。如果把植物按层次集中放置在居室的角落里，就会显得井井有条并具有深度。注意绿化要与所在场所的整体格调相协调，把握其与人的动静关系，把它置于人的视阈的合适位置，如图3-68所示。中等尺度的植物可放在窗、桌、柜等略低于人视平线的位置，便于人们观赏植物的叶、花、果；小尺度的植物往往以小巧精致取胜。其陈设的位置也需独具匠心，可置于橱柜之顶、隔板之上或悬空中，便于人们全方位观赏。卧室的插花、陈设，则须视不同的情况而定，书桌、梳妆台和床头柜等处可以选择茉莉、米兰之类的盆花或插花。中老年人的卧室以白色或淡色为主调，使人愉快、安静且赏心悦目。年轻人，尤其新婚夫妻的卧室，则适合色彩艳丽的插花，但最好以一种颜色为主，花色杂乱不能给人宁静的感觉。单色的一簇花可象征纯洁永恒。

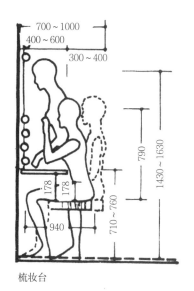

梳妆台

图3-66 卧室梳妆台尺寸

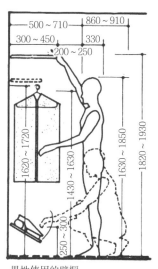

男性使用的壁橱

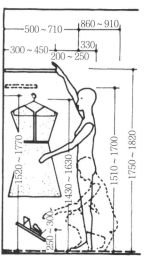

女性使用的壁橱

图3-67 卧室储物空间尺寸

图3-68 卧室绿化设计案例

第六节　儿童房的设计

一、儿童房的空间布局

儿童房是许多现代家庭十分注重的。在装修孩子的房间时，一定要考虑他们的年龄特点。在满足他们生活起居需求的同时，特别要注意适合孩子天真活泼的天性，装修格调要有利于激发孩子的求知欲和学习兴趣，有利于启迪他们智力的发展以及非智力品质的培养，如图 3-69 所示。

一个设计合理而完善的儿童房，应满足四个方面的需要：休息睡眠，阅读书写，置放衣物和学习用具，供孩子与朋友交往休闲。

1.学习区

希望孩子能学习好是每个父母的最大愿望，给孩子们营造一个好的学习环境自然十分重要。

孩子的房间一定要把写字台面和座椅设置好，可以是独立的学习桌、写字台，也可以是翻折式台面板，还可以与书柜等组合而成，或者结合窗台设置书写台面板。

2.睡眠区

有一个特别舒适的床可以给孩子一个享受美好梦想的地方，如图 3-70 所示。因此，应根据儿童房的条件采用各种形式的儿童睡床，如沙发床、单层床。如果采用双层床或折叠床可以节约面积，腾出空间给孩子休闲游戏，也可以采用地台等形式。

3.休闲区

玩耍、游戏是孩子健康成长过程不可缺少的内容。再小的儿童房也要尽量挤出地方为孩子劈开一个玩耍、休闲的小环境。因此，在儿童房不可放太多的家具，更不能将孩子的房间变成家中

图 3-69　儿童房的空间布局

图 3-70　睡眠区设计案例

杂物的仓库。在儿童房里应该有小桌小椅等，可以供孩子与小朋友聚会、交往、一起做功课、下棋等。通过这些活动不仅能培养孩子多方面的兴趣，给孩子的生活带来乐趣，还能从小培养他们与人和谐相处的能力，如图 3-71 所示。

4.储物区

孩子的需求是多方面的，如读书、绘画、玩耍等，因此也就相应的有各种相关的物品。为方便孩子取用，要把各类物品分门别类放好。如果房间里的东西乱堆乱放，杂乱无章，既影响孩子的情绪，也不利于他们养成好的习惯。所以，儿童房中书柜、小型储物柜是必不可少的，最好采用可灵活移动、随意组合的藤编筐篮、塑料或纸盒子等，便于孩子学习管理自己的物品，如图 3-72 所示。

二、儿童房的设计要点

为了装修好儿童房，就应该以孩子安全健康的成长需求作为第一要素。对于正值成长、活动力强的儿童来说，在一般的家庭中还不可能为孩子提供更多的活动空间。卧房不应只是一个供他们睡觉、休息的场所，而更应具备游戏、阅读或活动等功能。儿童房的装修要简单，便于改动。家具也要便于更换，适应孩子不断成长的需要。

1.保证安全

1）儿童生性活泼好动，好奇心强，同时破坏性也强，缺乏自我防范意识和自我保护能力。因此，安全性是儿童房装修的首要要求。家具作为儿童房不可缺少的硬件，其外形不应有尖楞、锐角，家具的边部、角部最好是修饰成触感好的圆角，以免儿童在活动中因碰撞而受伤。

图 3-71　休闲区设计案例

图 3-72　储物区设计案例

2）在装修材料的选择上，无论是墙面、天棚还是地板，应选用无毒无味的天然材料，以减少装修所产生的居室污染。地面适宜采用实木地板，配以无铅油漆涂饰，并要充分考虑地面的防滑。

2.给孩子一个培养想象力、创造力的自由空间

1）把带阳台的房间留给孩子。有阳台的房间一般阳光较充足，通风条件也好，有益于孩子健康。利用阳台还可以给孩子创造很多情趣，比如在阳台看书、画画、锻炼。还可以把阳台的一面墙留给孩子。3～9岁的孩子有一个涂抹期，喜欢随处涂抹，把阳台的一面墙贴上光面小瓷砖，可反复绘画，又便于清洗。即可让孩子尽兴，又省了妈妈们的烦恼，如图3-73所示。

2）用滑动板增加墙面。为了满足孩子涂鸦创作的欲望，和挂书包、运动用品、玩具等均需要较大面积的墙面。可以沿着墙面装上数面滑动式的嵌板，配合嵌板数量装上必要的滑动轨道，如装上二层或三层嵌板，就等于增加两三个墙面。嵌板的种类可根据喜爱与需要选择，可以是黑板、软木板、挂物或镜板等。

3）选择色彩听孩子的。在色彩的选择上，孩子们因为心性纯真，色彩感没有经过后天调和，更喜欢纯正、鲜艳的色彩。家长平时也可多留心孩子对色彩的不同反应，选择孩子感到平静、舒适的色彩，如图3-74所示。

图3-73 自由空间设计案例

图3-74 儿童房色彩选择案例

3.为孩子成长留有余地

装修不可能两三年一换，而孩子是不断成长的，所以父母在装修前要有超前意识。比如孩子现在较小，留出来的娱乐区将来可以改为学习区，为将来摆放书柜和桌椅的空间要留足。台灯和电脑的电源、插座、线路也都要预先考虑。家具的材料以实木、塑料为好。另外，家具的结构力求简单、牢固、稳定。儿童正处在身体生长发育之中，家具应随着儿童身高的增长有所变化，应能加以调整。如可升降的桌子和椅子，可随儿童身高的变化来调节高度，既省钱，又能保证儿童正确的坐姿和手与眼的距离。选择可调节拉长的床也不失为明智之举。另外，儿童家具的设计也要留有余地。

4.给孩子美好的空间

儿童房是孩子的世界。不妨把儿童房的墙面装修成蓝天白云、绿树花草等自然景观，让儿童在大自然的怀抱里欢笑。各种色彩亮丽、趣味十足的卡通式家具、灯饰，对诱发儿童的想象力和创造力无疑会大有好处，如图3-75所示。

5.应采用可以清洗及易更换的材料

儿童房容易弄脏。有孩子的家庭，只要大人稍不注意，墙上便会出现孩童脏的手印或彩笔线。这个情形确实会令大人非常痛心，与其责骂小孩弄脏墙壁，倒不如事先采取可以清洗或更换的材料来取得主动。因此，儿童房在选材上更应注意，最适合装修儿童房间的材料是防水漆和塑料板，而高级壁纸及薄木板等不宜使用。

6.用图画和壁饰装修门

比起墙壁和窗帘来，儿童房门的设计比较容易忽略，其实，在门的装修上也同样可以表现出个性来。例如，将孩子的名字以图案方式用不同的颜色写在门上，也可以用纸或其他材料来代替，或者在门上贴上孩子的生活照片、画像或孩子自己的作品，都能起到很好的装饰效果。

7.在房间设置成长记录表

家长们总是想知道自己的孩子是否长高了，不同时期的身高也标志着孩子的成长历程。过去许多人家都是将孩子的成长记录在门框上或者墙上。门框和墙上也被画上很多横线，弄得乱七八糟。其实可以考虑在儿童房内或起居室、餐厅等地方贴上一个制作精细的比照身高尺寸的木板，让小孩使用。木板上详细标明尺寸，并且在重要日子，如每年生日时，量好身高，并作上记号，孩子长大看着自己的成长记录，会有一份美好的回忆。

三、儿童房的灯饰设计

1.灯饰设计的依据

儿童房的灯，首要条件是应该具有保护孩子视力的功能，其次才是造型。

图3-75　儿童房空间营造

一般地说，普通灯泡发出的光线与自然光相比颜色明显偏红而不是白光，这样的光线会使被照物体的黑白对比度偏低，并使人眼的分辨能力下降，所以要想看清书上的字体，必须将眼睛靠得很近。同时，由于灯泡是一种点光源，所以极易产生对视力十分有害的眩光和大面积的阴影，长期在这种光线下看书，眼睛便会感到疲劳。普通日光灯发出的光线虽然是白色的，但由于它是 50Hz 的交流电直接点亮，所以日光灯的亮度会以 100 次 /min 的频率不停地变化，这就是日光灯的频闪现象。长时间在不断闪烁的日光灯下学习，眼睛也会感到疲劳。

有一种新开发的护眼保健台灯，这些新型护眼灯有各种款式，它是由彩色液晶显示器的照明原理发展而来的无频闪荧光灯，能够发出亮度稳定、无闪烁、与自然光极其相似的白色光，克服了传统光源的弱点，符合中小学生长时间在灯下学习的要求，对减缓视觉疲劳、预防近视的发生和发展具有明显效果，是较为理想的光源。

2. 灯的选择

1）一般灯使用 220V、50Hz 交流电，每秒钟产生 100 次频闪，对眼睛不利，易使眼睛疲劳，导致近视。护眼保健功能的台灯把 220V、50Hz 交流电信号进行处理，使灯管能够发出亮度稳定、无频闪灯光，能消除眼睛疲劳，预防近视，保护视力。

2）一般灯发出 6500K 色温的冷白光或 2700K 色温的偏红光，都是对眼睛不利的缺陷光源；护眼保健功能的台灯发出与自然光相似的白色光，利于保护视力。

四、儿童房案例设计

1. 幼儿（儿童）卧室

生命刚刚开始的幼儿期，睡眠完全是在不知不觉中被动接受的，也许在游戏过程中就会酣然入睡。结合幼儿（儿童）的特点，地面多采取木地板、地毯等以满足小孩在上面摸爬的需要。房间可大胆采用对比强烈、鲜艳的颜色，充分满足儿童的好奇心与想象力，使其带着美好的感受进入梦境。卧室的家具除了应该满足儿童阅读、写字、玩电脑、更衣的需要外，还要满足儿童天真、活泼的个性。如应该有置放儿童玩具、工艺品、宠物造型及生活照片的角柜或格架，点缀空间。墙面涂料应以儿童性别、年龄及爱好而定，最好是浅色调，并与家具颜色相匹配。床罩、窗帘的色调、图案要满足儿童的个性。光源要亮一点，尤其是写字桌旁，如图 3-76 所示。

2. 青少年卧室

卧室是青少年最喜欢与重视的独立王国。可根据年龄、性别的不同，在满足房间基本功能的基础上，留下更多更大的空间给他们自己，使他们可将自己喜爱的任何装饰物随意地摆放或取消，使其尽自己所爱，充分享受自由。这一年龄的儿童需要一个比幼儿期更为专业与固定的游戏平台——书桌与书架，他们既可利用它满足学习玩耍等的需要，又可以利用它保存个人的隐私与小秘密。卧室的灯光也可以区别于其他地方的照明而变得柔和，使一切看上去朦胧。可把青少年卧室变成或满足小主人个人愿望的"窝"，如图 3-77 所示。

3. 采用鲜艳明快的色调

鲜艳明快的色调是儿童所喜爱的，而利用色

图 3-76　幼儿期卧室设计案例

图 3-77 青少年卧室设计案例

彩装修儿童房是最简单与有效的。比如一间儿童房采用绿色的地板，蓝色的写字桌，可以营造出整个房间的活跃气氛。配与黄、绿相间的窗帘、床罩、地面、吸顶灯可形成色调上的统一。双层窗帘，外层采用纱帘，光线可以柔和地透入房间来，使孩子能够在适宜而温暖的环境里学习、玩耍、休息。

靠窗之处是孩子平日学习和中间休息的好地方。可以设置色彩斑斓的磁板，以便让孩子养成良好的习惯，用来作留言条、学习计划等。

第七节 书房的设计

许多家庭常设书房，特别是有些行业需要在家办公，比如作家。如今，随着电脑的发展、网络的诞生及其无限延伸，信息的便捷传递，为人们的工作提供了越来越多的便利，人们也更加依赖它。而电脑、打印机、传真机等设备可在任何地方落脚，因而在家办公成为更多人的可能。家庭办公间的概念便应运而生。其实家庭办公间就是书房，如图 3-78 所示。

书房在传统的观念中应该是专门供人读书写字的独立空间。关上门，或品茗远眺、欣赏佳作，或修身养性、轻松思考。而现代人已经给书房赋予了新的理念，那是自由职业者的理想工作室、电脑迷的网络新空间、老板们的决策、会晤场所。书房已经成为现代人休息、思考、阅读、工作、会谈的综合场所。

一、功能不同的书房设计

1. 交际会客式书房

无论是从事什么职业的现代人，都会有请朋友、同事和商业伙伴在家里活动的需要。将有些商务伙伴的洽谈放在书房，环境接近办公室，气氛会显得更郑重，更安静。这时可以把书房装修得既感性又理性。真正办公的区域只占据房间的一角，大面积书柜作为书房传统的风景选用浅木色，这样便能创造出写意轻松的工作空间。最好在书房内用红色沙发和锥形装饰品作点缀，使每个走进书房的客人都有一种想和您合作的愉快。还可以在书架上随意摆设各种画盘和装饰品，让人感到您在努力营造轻松、休闲的工作氛围（图3-79）。

2. 轻松休闲式书房

除了书柜和写字台外，可以在书房中安置矮桌和软垫。如果在不大的空间安置一张特大松软的沙发，桌上一壶清茶、手中最喜爱的读物，您尽可以在休闲舒适的气氛中斜卧在沙发里怡然自得地品茶阅读。这正是都市人寻寻觅觅的休闲生活，也是休闲时朋友们相聚的大好空间（图3-80）。

3. 中国古典式书房

书房是读书写字或工作的地方，需要沉稳的气氛，人在其中才不会心浮气躁。传统的中式书房从陈设到规划，从色调到材质，都表现出典雅宁静的特征，因此也深得不少现代人的喜爱。较正式的传统文人书房配置包括书桌、书柜、椅子、书案、塌、案桌、博古柜、花几、字画、笔架及书房四宝等。中式家具的颜色较重，虽可营造出稳重效果，但也容易陷于沉闷、阴暗。因此，中式书房最好有大面积的窗户，让空气流通，并引入自然光及户外景色，还可以在书房内外造些山水小景，以衬托书房的清幽（图3-81）。

图 3-78　书房设计案例

图 3-79　交际会客式书房设计案例

图 3-80　轻松休闲式书房设计案例

图 3-81　中国古典式书房设计案例

二、充分利用空间作书房

许多人都希望有一间属于自己且不受外界干扰的书房（办公间）。然而，对于住房紧张的家庭来说，拥有这样的书房似乎是件奢侈的事。其实，家里的许多地方大有潜力可挖，如可以利用起居厅局部、卧室一角、封闭阳台一端等，只要您用心巧妙地利用空间与家具的兼容性，就可以改造出一块属于办公的领地。

1.起居厅的一角做书房

只要在起居厅的一角用地台和屏风简单地加以划分，墙上再做两层书架，下面放一个书桌，一个别致的小书房就出现了。

2.卧室兼做书房

许多人有夜间阅读、写作的习惯。如果是一个单人的卧室，可以在床边放一张小书桌，再设计一个双层书架悬吊于空中，加上一盏落地灯，一个既温馨又简洁的小书房就坐落于卧室之中了，这样的书房既方便又不会打扰家人。

3.阳台书房更不错

许多家庭也许没有条件将单独的房间用作书房，但将一个小阳台改成书房却是可行的。如果将卧室的阳台设计成一间个人的书房，不但能使主人拥有一个光线充足的读书好场所，还可在视觉上拓展空间，提高了居室的有效使用面积，可以说是一举两得。

4.门厅里的书房

老式的两室一厅，由于户型有缺陷，居室的门厅做餐厅显大，做起居厅又显小，其实可以把书房和门厅合二为一，在门厅一角挤出一块儿学习、工作的小天地。

5.壁柜改成书房

家里实在没地方时，拆除壁柜的门，利用壁柜的深度做台面，搭起木板，放进电脑、传真机等办公室设备，台面探出 30cm 左右，即可有适宜的操作宽度。这样一个精巧的书房（办公间）便展现出来。

三、书房——家庭办公间的设计

在面积充裕的住宅中，可以独立布置一间书房；面积较小的住宅可以开辟一个区域作为学习和工作的地方，可用书橱隔断，也可用柜子、布幔等隔开。书房的墙面、顶棚色调应选用典雅、明净、柔和的浅色，如淡蓝色、浅米色等。地面应选用地板或地毯等，而墙面的用材最好用壁纸、板材等吸声较好的材料，以达到安宁静谧的效果。

1.家庭书房要与家居气氛协调

家庭书房的装修，首先要处理好家居气氛与办公气氛的矛盾，尽可能将两者协调起来。应将书房与其他房间统一规划，形成统一的基调；再结合书房特点，在家具式样的选择和墙面颜色处理上作一些调整；既要使书房庄重大方，避免过于私人化的色彩，又不能太像个写字间，如图3-82所示。

2.家具选择、合理组合以及空间的充分利用

在家办公，一些现代化设备必不可少。在不大的住宅内，应尽可能地充分利用有限空间。要使书房空间合理布局，不但使主人的电脑、打印机、复印机、扫描仪、电话、传真机等办公设备各有归所，满足主人藏书、办公、阅读的诸多功能，而且还应巧妙地利用暗格、活动拉板等实用性设计，使主人的书房变成一个灵活完备的工作室。

家庭办公室家具有的可通过合理组合，充分利用墙壁上的架子、书桌上方，甚至桌子下面来储存物品。办公家具的组合应注重流程。虽然物品多，但常用物品都应设计在使用者伸手可及的位置，其造型也应以让使用者舒适、方便为最佳。因此，带脚轮的小柜子、弧线形的桌边、可升降的座椅都是这一思路的体现。

组合家具在设计上应注重工作的流程与人体工程学的关系，只有人在舒适、适中的环境下工作，才能不浪费时间与精力，从而提高工作效率，如图3-83所示。

3.光线与照明

家庭办公要考虑光线与照明，尽量选择一个光线充足、通风良好的房间作书房（办公间），这样有利于身体健康。书房对于照明和采光的要求应该很高，一般不要采用吸顶灯，最好是用日光灯。写字台上要安置合适瓦数的台灯，使光线均匀地照射在写字台上。应特别注意在过于强或弱的光线中工作，都会对视力产生很大的影响。

4.要安静典雅

只有安静的环境才能提高人的工作效率。条件允许时，装修书房要选用那些隔声、吸声效果好的装修材料。顶棚可采用吸声石膏吊顶，墙壁可采用PVC吸声板或软包装饰布等装饰；地面可采用吸声效果好的地毯；窗帘要选择较厚的材料，以阻隔窗外的噪声。还要把主人的情趣充分融入书房中，几幅喜爱的绘画或照片，几幅亲手写就的字，哪怕是几个古朴简单的工艺品，都可以为

图3-82　庄重大方的书房设计

图3-83　书房空间组合

书房增添几分淡雅、几分清新;同时再摆上一盆绿色植物,会使您的办公环境更舒适典雅。

5.分区分类存放书

书房,顾名思义是藏书、读书的房间。书有很多种类,有常看、不常看和藏书之分,所以就应该将书进行一定的分类存放,如分书写区、查阅区、储存区等,这样既使书房井然有序,还可提高工作效率。

四、书房的家具及饰物

书房的家具除有书橱、书桌、椅子外,兼会客用的书房还可配沙发、茶几等。为了存取方便,书橱应靠近书桌。书橱中可留出一些空格来放置一些工艺品等,以活跃书房气氛。书桌应置于窗前或窗户右侧,以保证看书、工作时有足够的光线,并可避免在桌面上留下阴影。书桌上的台灯应灵活、可调,以确保光线的角度,还可适当布置一些盆景、字画,以体现书房的文化气氛。

如果使用中式家具,可加上各种淡色软垫或抱枕,不但让书房增添色彩,坐起来也更舒服。书桌是经常使用的家具,选购时需特别注意接榫牢固与否,若非使用一般的木书桌,但又怕热茶在桌上留下烫痕,或裁割纸张时伤了桌面,也可考虑铺一块玻璃或采用镶嵌大理石面的桌子,使用更为安全方便。

书橱既具有实用性,又充满装饰性。利用两窗之间的壁面装置书橱,窗的下方可装置低的书架。这种设计,可以充分利用空间。但需要注意的是,窗间如装置书架,窗帘就应用卷式的比较好,如用两侧拉开的窗帘,则既不方便也不美观。

将不必要的门改装成书橱也是一种可以借鉴的办法。这时,在橱架的下部放一咖啡桌,设置两个充当脚轮的箱子放在咖啡桌下。书架上可放书籍,充当脚轮的箱子可用来放报纸。

沙发后装置低橱架。如果沙发摆放在房间的中央,而屋子比较宽敞的话,可以在沙发后放低橱架,利用敞开的箱式柜与沙发靠背摆放,便构成一个较低的书架。在书架面上还可以摆放桌灯、食物盘、饮料盘等。

第八节　卫生间的设计

卫生间功能的变化和条件的改善,是社会进步文明发展的标志。现在许多家庭的卫生间早已不是简单意义上的厕所了,人们越来越重视卫生间的装修装饰,一个美观、方便使用而又清洁舒适安全的卫生间,对提高现代人生活质量有着十分重要的作用,如图3-84所示。

一、卫生间的基本功能构成

1.卫生间的洁具设备

一个标准卫生间的洁具设备一般由三大部分组成:

1)洗面设备。洗面器替代了原始的洗脸盆,为家人提供盥洗的场所,大体上有悬挂式、立柱式和台式三类洗面器。

2)便器设备。目前的家用便器很少采用安全性较差的蹲便器,而坐便器也从分体式逐渐向连体式发展。

图3-84　卫生间设计案例

3）洗浴设备。为家人提供清洁身体与保健保养功能的洗浴设备分两大类：①沐浴式（立式），有普通沐浴间和可进行桑拿浴的蒸汽浴房。②浴缸（坐卧式），有普通浴缸和冲浪按摩式浴缸两种。

2.卫生间的形式

卫生间一般为一体式和分隔式两种。分隔式是把洗面设备与便器、沐浴设备分开，以便于干湿分开。有条件的家庭还可采用主、客分开的双卫生间。客卫一般只安装一个便器、面盆和淋浴器。主卫生间即与主卧室配套设置。常见卫生间布局如图3-85所示。

3.卫生间给排水

一个标准卫生间一般应有五个进水点（三冷两热），四个排水点。浴缸、面盆、便器各需一个排水孔、一个冷水进水管，浴缸、面盆还各需一个热水进水管，卫生间还需设一个排水口（即地漏）。若在卫生间放置洗衣机，还需要考虑增加一个冷水龙头，洗衣机排水可以利用地漏排出。

二、卫生间的布局

1.洁具的布局

卫生间的各种洁具的布局首先应以使用方便，并且在使用过程中互不干扰为原则，使用频率最高的放在最方便的位置。最常见、最简单、又是最合理的是把洗面器和洗浴器放在坐便器的两边，洗面器应离卫生间的门最近，而洗浴器则一般均在卫生间的最深处，如图3-86所示。

有条件时，尽可能将洗面器部分与便器、洗浴器之间用隔墙分成内外间，外间洗脸，内间厕浴，方便使用。

2.卫生间与洗衣机

有些户型在厨房里留了洗衣机的空间，而把

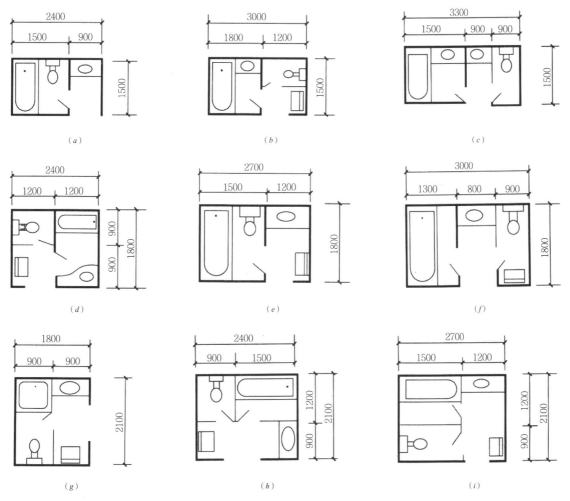

图 3-85 常见卫生间平面布置图

洗衣机放在卫生间的也为数不少。

洗衣机放在卫生间有它的方便之处，如洗完澡脏衣服可直接投入洗衣机；但也有不利之处，主要是卫生间空气潮湿，对洗衣机有影响。比较合理的做法是在卫生间旁边留出一个空间用来洗衣。

三、卫生间的色彩

（1）首先要考虑整个家居室内的装修风格，既要协调又要具有变化和区别，还要根据主人的爱好确定。

（2）从心理学角度，在寒冷的北方地区最好选择暖色调（如黑色、玫瑰红色等），这样能给人以温暖的感觉；而南方地区宜选择冷色调（如宝石蓝、苔绿等），在炎热时给人一丝凉爽。

（3）从美学角度，空间小的卫生间宜采用浅色调，可以减少压抑感；对于比较宽敞的卫生间可以大胆地运用一些深色调，但要与洁具色彩搭配得当。

（4）无论如何变化，白色永远是最适合的。目前选配白色贴花艺术陶瓷的卫生间设备已成了一种新的潮流，如图3-87所示。

四、卫生间的地面、墙面与顶棚

（1）地面。卫生间的地面要做好防水处理，地面材料最好选用具有防滑性能的瓷砖，如果用天然或人造大理石，就要有防滑措施，如铺设防滑垫。

（2）墙面。墙面重要的是防潮，最简单的方法是用防水涂料，可谓物美价廉。贴瓷砖是最普遍的做法，瓷砖不但美观、防水，而且还易于清洗。

（3）顶棚。除了可用防水涂料外，还可以用塑料或铝塑板吊顶。

五、卫生间的配置及尺寸

卫生间的面积是决定卫生间装修中配置设备的重要依据。为此，首先要测量好卫生间的面积（长度、宽度和高度），这是能否容纳和适合哪种洁具设备的先决条件。其次就是要知道卫生间坐便器的排出口中心距离墙的尺寸，这是选择坐便器的关键，基本尺寸如下：

（1）分体式坐便器（675mm×370mm×375mm。水箱尺寸500mm×220mm×390mm）。

（2）立柱式洗面器（520mm×450mm×200mm）。其根据空间制作适当的台面。

（3）设淋浴用花洒，或设置一只长度不超过1200mm或长宽尺寸更小的坐式小型浴缸。

（4）在远离淋浴处考虑置放洗衣机。

客卫的设计，要重视与整套住宅的装修风格

图3-86　洁具的布局

图3-87　卫生间色彩应用

相协调，着重体现主人的个性。客卫装修材料的选择，主要以耐磨、易清洗为主，不要放置太多的布艺制品，以免增加女主人的工作量。色彩上，一般选择较为干净利落的冷色调。布置中，要体现干净利落的风格，所以空间不要有太多杂物，也不一定要摆放绿色植物。

主卫的设计，要着重体现家庭的温馨感，重视私密性；可以使用一些"娇嫩"的装修材料，如大理石等天然石材、功能较高的卫生洁具等。材料色彩上一般应选择较为温馨可亲的暖色调。布置可以繁复一些，多放置一些具有家庭特色的个人卫生用品和装饰品，如图 3-88 所示。

六、卫生间中常用人体工程学尺寸

由于空间小而功能多，卫生间的人体工程学尺寸就显得格外重要。那么，在具体的使用中，卫生间里的用具到底要占多大地方呢？住宅设计中较为常见的卫生间布置与尺寸如图 3-89 ～图 3-92 所示。

七、卫生间的风格

现代家庭卫生间不仅是清洁体内体外的地方，更是劳累了一天的人们放松身心的港湾。所以除了洁净卫生以外，还应是张扬个性、满足个人趣味的空间，是使家人在洁身洗浴时感到温馨亲切、

图 3-88 主卫设计案例

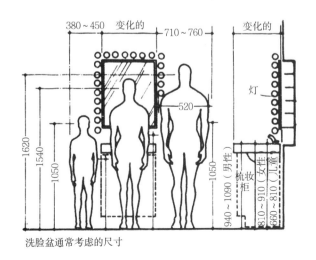

图 3-89 洗脸盆尺寸(一)

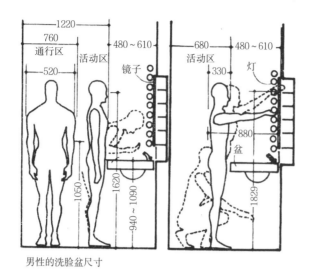

男性的洗脸盆尺寸

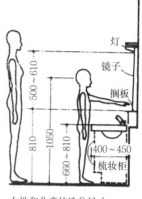

女性和儿童的洗盆尺寸

图 3-89　洗脸盆尺寸（二）

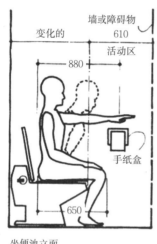

坐便池立面

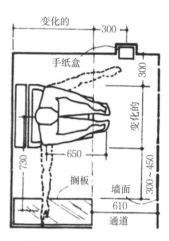

坐便池平面

图 3-90　坐便池尺寸

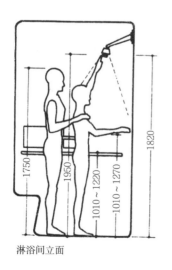

淋浴间立面

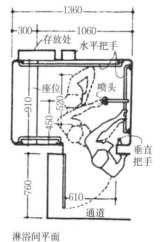

淋浴间平面

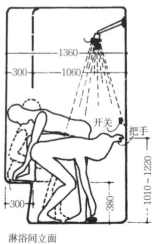

淋浴间立面

图 3-91　淋浴间尺寸

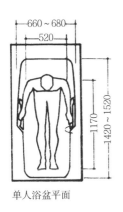
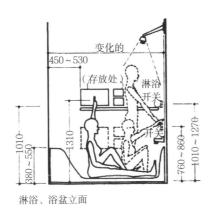
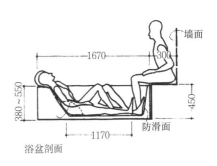

单人浴盆平面　　　　淋浴、浴盆立面　　　　　浴盆剖面

图 3-92　浴盆尺寸

意趣盎然的场所。

（1）现代风格。它不受空间大小的限制，只要你选择的洁具设备线条简洁流畅，色彩明快，有时代气息，并与整体风格一致就可以营造出温馨、雅致的现代气息。乳白色是现代风格卫生间的主调，洁净、素雅，为你营造出冰清玉洁的沐浴氛围。为了让浴室有夏天的清凉色彩，也可以将四壁涂上颜色，天蓝色——清新自然，柠檬绿——舒爽惬意，淡粉色——温馨祥和，如图 3-93 所示。

（2）新古典风格。只有在较大的卫生间才能表现出这种风格的豪华和典雅气质，从洁具设备到饰品都流露着高贵品质。宽大舒适的象牙白大理石浴缸，带着银色串珠边饰灯罩的螺旋水晶烛台，灰褐色或淡金色的波斯地毯，带白色扶手套红木椅，使一踏入浴室便凸显出近代的贵族之家。风格的划分不是绝对的，如果既喜欢现代的简约，又不愿舍弃古典的典雅，那么可以选择两种风格的混合运用，但必须主次分明，不宜烦琐，以免造成不伦不类的感觉。图 3-94 所示为新古典风格的卫生间。

（3）乡村风格。卫生间内部装修选用原木拼合，饰几片树叶，几束野花，返璞归真的自然气息可让家人忘记市井的喧嚣，得到充分休息。

（4）日式风格。用浓郁的日式风格充盈卫生间，享受沉稳静谧的日本禅风也是一种不错的选择。木桶形式的浴缸，东洋的造景装饰，使得在古朴自然的意境中，感受温泉乡间的舒适。

八、卫生间的通风与采光

（1）卫生间最好有直接对外的窗户，这样不仅有自然光，而且通风好。这时，要特别注意用有效的措施以确保浴室的私密性。窗台的高度最好开到 1.5m 以上，这样感觉较好。但是目前大多数卫生间都没有窗户，这就需要很好地利用灯光与排风设备，如图 3-95 所示。

图 3-93　现代风格卫生间

图 3-94　新古典风格卫生间

图 3-95　卫生间的通风与采光

（2）一个标准卫生间必须安装排气扇，排气扇的位置要靠近通风口或安装在窗户上，以便直接将室内混浊潮湿的气体排出。灯光一般只需一组主光源，安装于镜面上方，其他灯光处理最宜采用间接光或内藏光管、筒灯等。顶棚灯要根据空间的大小确定，它的理想位置是使用频率最多

的洁具上方。经济较好的家庭，还可在出门处安装红外线烘干机。

（3）卫生间照明的关键在于灯具的布置应能充分照亮整个房间，而且镜子不会炫目。在浴室中最好不采用投光灯、刺眼的老式灯具和特别的灯。而壁灯、吊灯、玻璃罩灯或镜子两侧的条形灯座，即能为浴室提供悦目的光线。

（4）卫生间照明安全第一。水与电是种矛盾的组合。因此，在卫生间里，绝对要比家中其他地方更注意照明设备的功能与安全性。墙壁上的开关要尽量安装在门外，只有拉启式的灯头可以安装在浴室内。对于安装在浴缸或喷头周围的灯具，要确定它们是绝对不透水的。同时还要检查所有灯具的防水性。可以尝试把花园与户外用的灯具安装在浴室里，因为它们都是防水的。

（5）在北方的卫生间要解决冬季的取暖问题，可以安装暖风机，也可以安装价廉物美、集灯光照明、排风取暖为一体的浴霸产品。

第九节　阳台的设计

一、阳台的材料选择

目前新建的很多住宅中都有两个甚至三个阳台，设计时阳台要分出主次。住宅设计中阳台设计有多种形式，目前较为常见的阳台设计形式如图 3-96 所示。

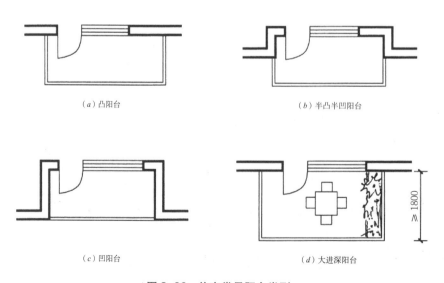

（a）凸阳台　　　　　　　　　　（b）半凸半凹阳台

（c）凹阳台　　　　　　　　　　（d）大进深阳台

图 3-96　住宅常见阳台类型

（1）与起居厅、主卧相邻的阳台是主阳台，功能以休闲为主（图 3-97）。装修材料的使用同起居厅区别不大，较为常用的材料有强化板、地砖等，如果封闭做得好，还可以铺地毯。墙面和顶棚一般使用内墙塑胶漆，品种和款式要与起居厅、主卧相符。

（2）次阳台一般与厨房相邻，或与起居厅、主卧外的房间相通。次阳台的功用主要是储物、晾衣等。因此，这个阳台装修时封闭与不封闭均可。如不作封闭，地面要采用不怕水的防滑地砖，顶棚和墙壁采用外墙涂料。为了方便储物，次阳台上可以安置几个储物柜，以便存放杂物。

（3）材料要内外相融。阳台的装修既要与家居室内装修协调，又要与户外的环境融为一体，可以考虑用纯天然材料（包括毛石板岩、火烧石、鹅卵石、石米等未磨光的天然石）。天然石用于墙身和地面都是适合的。为了不使阳台感觉太硬，还可以适当使用一些原木，最好是选择材质较硬的原木板或木方，有条件的可以用原木做地面，能有很舒适的效果，但原木地板要求架空排水。宽敞的阳台可以用原木做条形长凳和墙身，使阳台成为理想的休息场所，如图 3-98 所示。

（4）阳台的灯。灯光是营造气氛的主要做法，过去很多家庭的阳台是一盏吸顶灯了事。其实阳台可以安装吊灯、地灯、草坪灯、壁灯，甚至可以用活动的仿煤油灯或蜡烛灯，但要注意灯的防水功能。

二、阳台的绿化和美化

1.阳台绿化的作用

对于讲究生活质量，注重家具整体风貌的都市居民来说，阳台的绿化和美化已成为家居的重要内容。阳台的绿化除了能美化环境外，还可缓解夏季阳光的照射强度，降温增湿，净化空气，降低噪声，营造健康优美的环境。在对阳台进行绿化的同时，享受田园乐趣，陶冶性情，丰富业余生活。

不同的阳台类型与不同的动植物材料，能形成风格各异的景色。比如，为突出装修效果，形成鲜明的色彩对比，可用暖色调的植物花卉来装修冷色调的阳台，或者相反，使阳台花卉更加鲜明夺目。向阳，光照较好的阳台应以观花及花叶兼美的喜光植物来装修。而背阴，光照较差的阳台则以耐阴喜好凉爽的观叶植物为宜。

2.阳台绿化的几种形式

1）悬垂式。悬垂式种植花卉是一种极好的立体装饰。有两种方法：一是悬挂于阳台顶板上，用小巧的容器栽种吊兰、蟹爪莲、彩叶草等，美化

图 3-97　休闲阳台设计案例

图 3-98　阳台材料应用

立体空间；二是阳台栏杆上悬挂小型容器，栽种藤蔓或披散型植物，使它的枝叶悬挂于阳台之外，美化围栏和街景。采用悬挂式可选用垂盆草，小叶常春藤，旱金莲等。

2）花箱式。花箱式的花箱一般为长方形，摆放或悬挂都比较节省阳台的面积和空间。培育好的盆花摆进花箱，将花箱用挂钩悬挂于阳台的外侧或平放在阳台围墙的上沿。采用花箱式可选用一些喜阳性，分枝多，花朵繁，花期长的耐干旱花卉，如天竺葵、四季菊、大丽花、长春花等。

3）藤棚式。在阳台的四角立竖竿，上方置横竿，使其固定形成棚架；或在阳台的外边角立竖竿，并在竖竿间缚竿或牵绳，形成类似的棚栏。将葡萄，瓜果等蔓生植物的枝叶牵引至架上，形成荫栅或荫篱，如图 3-99 所示。

4）藤壁式。在围栏内、外侧放置爬山虎，凌霄等木本藤植物，绿化围栏及附近墙壁，如图 3-100 所示。

5）花架式。花架式是普遍采用的方法，在较小的阳台上，为了扩大种植面积，可利用阶梯式或其他形式的盆架，将各种盆栽花卉按大小高低顺序排放，在阳台上形成立体盆花布置。也可将盆架搭出阳台之外，向户外要空间，从而加大绿化面积，也美化了街景。但应注意，种植的种类不宜太多太杂，要层次分明，格调统一，可选用菊花、月季、仙客来、文竹、彩叶草等。

6）综合式。将以上几种形式合理搭配，综合使用，也能起到很好的美化效果，在现实生活中多应用于面积较大的露台。

另外，在阳台上种植花草要适量，且不可超过阳台的负荷形成安全隐患。

三、露台、屋顶花园

露台是利用住宅其他房间的顶部，进行专门的处理，达到可上人使用的要求。屋顶花园是利用住宅的屋顶，按可上人使用的要求设计建造而成的。露台、屋顶花园与阳台不同，它们是没有顶的，也没有雨罩，是露天的室外活动场所，见图 3-101。

露台、屋顶花园是多层和高层住宅中特有的室外空间形式。它的面积一般较大，可以硬化，供人在上面进行各种活动；可以覆土，种植，绿化；还可以砌筑水池，改善环境小气候；有条件的还能建造亭、廊，将其改造成居家的"后花园"。

在我国，露台、屋顶花园的应用主要是退台式住宅，而且大多数是顶层"北退台"，可以适当地减小住宅间距。由于经济状况和住房条件的限制，不可能大量地建造使用屋顶平台，只能在少量较高标准的住宅中实施。

图 3-99　藤棚式阳台设计

图 3-100　藤壁式阳台设计

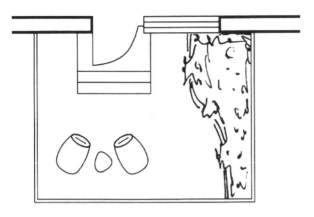

图 3-101 露台平面形式

第十节 楼梯的设计

过道、楼梯

过道、楼梯是交通空间，与生活没有直接的联系，所以往往被认为是没有用的空间，因此过去很少安装窗户，这是导致空间很不舒适的原因之一。但是，若对这样的空间进行积极设计，能变消极因素为积极因素。因此近来用来展示名作、照片等的过道和楼梯间、候梯厅等交通空间设计多起来。

楼梯常见类型如图 3-102～图 3-110 所示：

如果过道空间无用，可以取消。把卧室、儿童房不便穿通的房间布置在端部。目前，由于家庭人口少，用过道来隔开私密度高的房间的设计较少。

沿过道、楼梯做储藏柜或书柜，就可以把储藏空间与交通空间结合起来，在有限的面积中增加更多的储藏空间。设计中应注意过道、楼梯的宽度，应考虑大家具是否能搬得进去。

设计中应该注意以下数据：

（1）套内入口过道净宽不宜小于 1.20m，通往卧室、起居室的过道净宽不应小于 1m，通往厨房、卫生间、储藏室的过道不应小于 0.90m，拐弯处的尺寸应便于搬运家具。

（2）套内楼梯的梯段净宽，当一边临空时，不应小于 0.75m，如两侧有墙饰，不应小于 0.90m；

（3）套内楼梯的踏步宽度不应小于 0.22m，高度不应大于 0.20m。

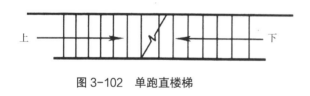

图 3-102 单跑直楼梯

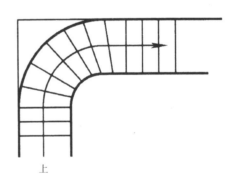

图 3-103 弧形转角楼梯

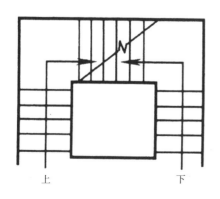

图 3-104 三跑楼梯

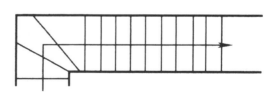

图 3-105 扇形起步楼梯

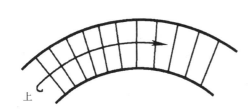

图 3-106 双跑弧形楼梯

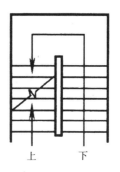

图 3-107 双跑平行楼梯

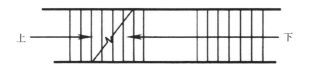

图 3-108 双跑直楼梯

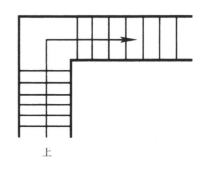

图 3-109 双跑转角楼梯

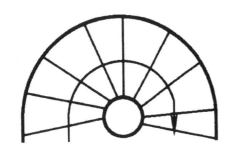

图 3-110 无中柱螺旋楼梯

第四章　住宅室内空间的风格与流派

室内设计风格的形成，是不同时代、不同地域，通过创作构思与表现，展现其独特个性，从而发展成为具有代表性的室内设计形式。一种典型的设计风格形式，通常与当地的人文因素和自然条件密切相关，在某种地域范围内形成整体统一的造型特点。风格虽然表现于形式，但认识风格并不能仅从形式的角度入手。风格包含艺术、文化、宗教、社会发展等深刻的内涵，一种典型设计风格的形成受到很多社会因素的影响，通常是集体智慧的结晶。

第一节　中式古典风格

中式风格是以明、清宫廷古典建筑为基础的室内装饰设计艺术风格，它的构成主要体现在明清传统家具、民族特色装饰品及以黑、红为主的装饰色彩上，如图4-1和4-2所示。

中式风格融合了庄重与优雅的双重气质。总体布局对称均衡、格调高雅，造型简朴优美、端正稳健，色彩浓重而成熟、讲究对比；材料以木材为主，在装饰图案上崇尚自然情趣，讲究寓意，常见图案如花、鸟、鱼、虫、龙、凤、龟、狮等，精雕细琢、瑰丽奇巧，充分体现出中国传统美学精神。如图4-3，寓意吉祥的圆不断重复在床上用品的整体布艺造型中，无形中成为视觉的焦点。图4-4中的中式屏风具有多种用途，既可以作为床的背景装饰，同时也是分隔空间的隔断。

在细节装饰方面，中式风格很是讲究，往往能在较小面积住宅中营造出移步换景的装饰效果。这种装饰手法借鉴于中国古典园林，能给空间带

图4-1　中式客厅装饰案例

图4-2　中式书房装饰案例

图4-3 床上布艺以吉祥图案为纹理

图4-4 中式屏风在居室中的使用

来丰富的视觉效果。中国传统居室非常讲究空间的层次感，空间多用隔窗、屏风来分割，用实木做出结实的框架，以固定支架，中间用棂子雕花，用实木雕刻成各式题材古朴的造型，打磨光滑，富有立体感。

在饰品摆放方面，中式风格是比较自由的，传统室内装饰品包括字画、匾幅、挂屏、盆景、瓷器、屏风、博古架等，深具文化韵味和独特风格，体现中国传统家居文化的独特魅力。这些装饰物数量不多，在空间中却能起到画龙点睛的作用，凸显主人的品位与尊贵。

新中式风格是中国传统文化在现代背景下的演绎，在室内布局、家具造型以及色调等方面，吸取传统装饰神的"形"与"神"，以传统文化内涵为设计元素，去除传统家具的弊端，去掉多余的雕刻，糅合现代家居的舒适与简洁，以现代人

图4-5 装修简洁的新中式风格案例

的审美需求来打造富有传统韵味的空间，体现中国数千年传统艺术，营造出一种淡雅的文化氛围。

在新中式装饰风格的住宅中，空间装饰多采用简洁、硬朗的直线条，有些家庭还会用具有现代工业设计色彩的板式家具与中式风格的家具搭配使用。直线装饰在空间中的使用，不仅反映出现代人追求简单生活的居住要求，更迎合了中式家具追求内敛、质朴的设计风格，使中式风格更加实用、更富现代感。

第二节　欧式古典风格

欧式古典风格包括古埃及风格、古希腊风格、古罗马风格、巴洛克风格、洛可可风格、哥特式风格、新古典主义风格等，室内注重柱式与艺术的表达。大多使用花饰图案、几何图案和线脚来装饰各界面的转折处，使得空间层次丰富。在许多欧式古典风格的设计中都会保留一些古典元素，如柱式、古典家具、烛台、壁炉、花饰图案等，使空间充满了古典韵味，见图4-6。

图4-6　欧式古典风格的重要要素——壁炉

欧式古典风格在装饰品整体搭配上，注重表现材料的质感、光泽，色彩设计中强调运用对比色和金属色，如黑、白、银等，给人一种金碧辉煌的感觉。各种色彩在一起和谐过渡，让居室成为一个温暖的家。

家具在空间里占最大份额。欧式古典风格家居可考虑选择造型古典、色彩凝重的家具来强化特色，如代表深沉和稳重的棕色和原木色家具，可体现出主人大气而富有修养的品质。也可选用现代感强烈的家具，款式简单、抽象、明快，颜色选用白色或流行色，适合年轻新贵，如图4-7所示。家具属刚性的，因此其他方面的配搭应从刚到柔，通过材质碰撞，突出视觉冲击力。

灯光直接影响最终效果，如空间以欧式经典的黑、白、银色调为主，可考虑采用对比强烈的灯光，并尽可能用暖光（如黄光，应慎用白光和蓝光）。冷光只适合用于个性化的点缀。通透的水晶、玻璃、镜面能为家居营造出温馨舒适的室内装饰效果。在居室的布局、造型方面，可以巧妙运用自然元素，如光与影的交换等，对空间实施自然分区，对有限的空间起到延伸和扩展的作用，同时也使居住空间增加层次感，减少压抑感。灯饰可选择具有西方风情的造型：考究而大气的水晶灯，能体现主人的身份和品味；传承着西方文化底蕴的壁灯泛着影影绰绰的灯光，朦胧、浪漫之感油然而生；房间可采用反射式灯光照明或局部灯光照明，置身其中，舒适、温馨的感觉袭人，让那为尘嚣所困的心灵找到归宿。

窗帘是空间大块的色块处理，材料应厚重，颜色跳跃，配以轻纱，体现气氛。除从视觉、质感角度考虑外，还应注重手感，强调多种感官的体验。欧式风格一般选用抽象或现代感强的挂画。画芯和画框的搭配，直接影响风格和主体。画框的选材很重要，应尽量线条简单，如镜面加香槟金的画框也是欧式新古典的一种体现。地毯比家具更加跳跃，更具个性。欧式家具在视觉上给人厚重的感觉，可配以柔软的毛类地毯软化整体效果，使空间更加和谐。

新古典主义既是对欧式古典主义的一种质疑与改进，也是当前设计界所流行的一种设计风格

图 4-7　欧式风格家具及陈设品在客厅装饰中的运用

图 4-8　欧式古典风格的客厅装饰案例

形式，而并不局限于 18、19 世纪。这与现代的审美意识与现代生活需求密切相关，一方面，古典的形式有它独特的魅力；另一方面，一些创新性的表现更为传统的空间增加了许多新意。对传统建筑艺术去粗取精，使之更好地服务于当前生活，就是新古典主义风格设计所追求的真谛。

当代有不少室内设计师选择新古典主义风格的设计手法进行住宅以及公共建筑的室内设计，其中不乏优秀作品。

图 4-9 所示的卧室，墙面的红色由于卧室功能的需求，大幅降低其颜色的饱和度。室内设有类似于旧上海常见的欧式红木床，床尾设有具有晚清民间装饰特点的大木桶，对称的床头柜各立一个古式台灯，侧墙上设有宛如壁龛般的搁板，这些都演绎了传统风格元素，也体现了现代家具的功能布局。

图 4-10 是位于上海苏州河畔的苏河咖啡酒吧。苏州河畔有不少旧仓库，有不少都被作为 LOFT 空

图 4-9 欧式卧室

图 4-10 苏河咖啡酒吧

间使用，成为艺术家和设计师的工作室。从图中可以看到原汁原味的中式旧家具被搬进了旧仓库中，却成为一个崭新的餐饮场所，同时反映了中西方文化的一种融合。

第三节 现代主义风格

现代主义风格源自钢结构建筑与工业化大生产的兴起，新材料、新技术的产生势必导致新的风格样式的产生，依然照搬原先的表现形式在很多方面就不能尽如人意了。现代主义风格在1919年4月德国包豪斯设计学院成立后逐步走向兴盛。早期现代主义建筑风格的代表人物是格罗皮乌斯、勒·柯布西耶、密斯·凡·德·罗和赖特。当代著名建筑师贝聿铭和安藤忠雄都学习、借用了现代主义的形式，对其既有批判又有发展，在建筑界极受推崇。现代主义风格的分支很多，不同国家地域都有其自身特点。这种风格形式在世界范围内大量存在，其简单的几何造型便于大批量加工生产，能很有效地节省材料，降低施工难度并缩短工时。在中国，目前最常见的风格形式依然是现代主义风格。

一、中式现代主义风格

目前在中国室内设计界，现代风格可谓盛极一时。现代风格的设计以其简洁的造型、明确的功能、简单精致的制作工艺、物美价廉的市场优势，深受都市白领一族的喜爱，如图4-11所示。

设计中式现代主义风格室内空间要注意几个问题：

（1）要体现出中式的特点，需满足中国人的生活习惯和使用习惯。

（2）要推陈出新，既要对传统文化中的精粹加以继承，也要设计出符合新时代功能与审美需求的空间。

（3）使用构成的手法来表现空间，将点、线、面与传统元素相结合。以抽象的形式来表现传统元素，重在意蕴表达，如图4-12所示。

（4）中式现代主义风格的设计应在色彩与图案的使用上区别于国外形式，体现民族特色。

在进行中式现代风格住宅室内设计时需要注意的是，中式风格的体现与创新绝对不仅是一个形式的问题，需要更深层次地思考其优劣之处，将其与现代社会的功能需求紧密结合起来。

图 4-11　中式现代主义风格客厅设计案例

图 4-12　中式现代主义风格卧室设计案例

二、日式现代主义风格

日本文化深受中国唐代文化影响，尤其是唐代的大量建筑形制与民俗文化都为日本所借鉴和引用。可以看到，许多日本的古建筑都与中国的古建筑形制相仿，使用的一些生活器物以及传统服饰都和中国出土的唐代文物与古画内容相似。日本在文化保护方面做得比中国要全面，至今依然能清晰感受到奈良古寺院所体现的盛唐风韵。

日式住宅有着浓郁的大和民族特色，一般采用清晰的线条，居室布置优雅、清洁，有较强的几何感。木格拉门、木板地台、榻榻米地铺为其风格特征。榻榻米多为铺地草垫，以麦秆和稻草编制而成，它和国内的草席类似，不过用法不同，有的和室设计中也将榻榻米抬高与木地板结合。和室空间尺寸常以"席"为单位。"席"就是榻榻米，通过"席"的横竖排列数量来安排空间大小并组织流线，床都是以地铺形式置于"席"上，一些家具也放在"席"上，周围留出通道。天井设计常用"枯山水"的造景手法。日本人崇尚茶文化，也喜好将禅宗思想灌入到室内的设计中来。空间中常用木材本色，以暖色调为主，墙面喜用"浮世绘"作装饰，题材以美人、歌舞伎、风景、花鸟、虫鱼为主。

图4-13中的和式住宅延续了日本的传统文化，一种简约自然的感觉油然而生，"席地而坐"的特点一目了然。在协调的色彩关系中能让人很好地去体会"禅"的睿智和与世无争的思想。

图4-14是天津塘沽一家酒店的客房设计，表现出现代感十足的和式卧室。墙面虽不再是木材，依然使用了"浮世绘"的表现方式，使日本和式风格与现代风格相互融合。床铺使用地台抬高，以满足现代人的生活习惯。

三、欧式现代主义风格

欧式现代主义风格需追溯到早期欧洲的现代主义建筑大师格罗皮乌斯、勒·柯布西耶、密斯·凡·德·罗的设计。当时的建筑式样因为生产技术的提升和大量钢铁、玻璃制品的出现与古典欧式之间有着巨大的差异。图4-15为密斯设计的范斯沃斯住宅，在一大片枫树林中，简洁通透的住宅色彩单纯，与自然完全融合在一起。该住宅的四周都是视线通透的，使内外空间相互渗透，构成的美与自然美相得益彰。这里看不到古典欧式的柱式，也看不到复杂的雕刻，看到的是空间的流动。

图4-13　和式住宅空间

图4-14　天津塘沽和式风格酒店

图4-15　范斯沃斯住宅

房屋主体地面抬高架空，有效避免雨水与昆虫的侵袭，也使建筑本身更加轻盈，并丰富了空间层次。

欧式现代主义风格的特点有：

（1）功能为主的理性思维模式，追求功能的多样性，减少不必要的装饰。将其与功能相结合，空间纯净，服务对象为人民大众。

（2）使用构成手法与形式美法则来组织空间元素与比例关系，讲究对比与协调。借助透视的原理，使得空间中等距分布的大量点、线、面的建筑元素产生渐变和韵律的美感。

（3）空间流动性很强，室内采用开敞设计，减少用墙面来分隔空间的传统形式。

（4）建筑与室内大量使用便于生产加工的几何造型，以直线、平面为主。

现代主义是对古典主义的一种彻底颠覆，使空间给人耳目一新的感觉。这种风格由于自身实用、简洁的特点在世界范围内流行开来，"二战"后发展成为国际主义风格，却背离了现代主义的初衷。设计从一种为大众服务的、解决社会问题的探索方式变成了炫耀资本主义金钱与权力的形式，甚至可以为了形式而牺牲功能，在国际主义风格的作品中很难分辨出地域的差异，钢筋、混凝土与玻璃幕墙充斥着世界各地。

第四节　后现代主义风格

后现代主义大致产生于 20 世纪 60 年代，是相对于现代主义而提出的一种泛社会学描述性词汇，是对现代主义的一种质疑和颠覆，打破了现代主义的形式法则，批驳了现代主义存在的一些问题，提出了新的设计理念。后现代风格的设计具有很强的游戏性，作品中经常会使用一些独特的构成手法来改变现代主义的表现形式。它并不严格遵守学术与科学的严谨性、逻辑性，很大程度上能让人感受到法国人的浪漫和美国人的幽默以及波普性质，混乱、荒谬，具有超现实的特质。后现代主义风格更有一种"左派"特征和前卫特征。因为它的出现表现出了对体制化的主流文化制度的批判和冲击。

很多时候，后现代风格中的游戏手法把传统的理论与"信仰"系统给打破了，平面化的手法、行为化的表现形式在不经意间流露出洒脱与自然，用无意义或对意义的怀疑表现出了一种纯视觉的或触觉的倾向。在视觉效果上，后现代主义风格作品常使用近似"拼贴"的手法（图 4-16 ~ 图 4-18）。

通常人们看到的后现代主义风格作品都有很大的思考空间，使用的造型往往会十分新奇，或者是扩大的比例关系，或者是不可思议的形态组合，或者是构成手法的非理性综合运用。

后现代主义风格的著名代表人物有建筑大师弗兰克·盖里和扎哈·哈迪德等人。盖里的作品中经常出现扭曲的空间与尺度夸张的物体，善于使用对比的手法来表现其独特的建筑见解与惊人的想象力；哈迪德的作品显现出女性的柔美，喜用曲面与动感极强的线条。他们的作品在视觉上都有很强的冲击力，打破了以往现代主义风格的理性与观念。后现代主义主张自由与创新，常用夸张的尺度、解构的手法来带给观者全新的视觉与空间体验。

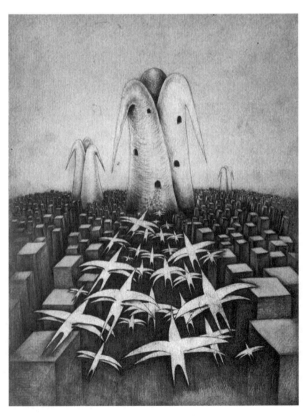

图 4-16　后现代主义作品一

图 4-19 与图 4-20 所示是扎哈·哈迪德为 Hotel Puerta America 而设计的客房。Hotel Puerta America 位于西班牙马德里，是一座精品旅馆，每一层都由不同的国际著名建筑师负责设计，其中包括 3 位普利策建筑奖获得者，连停车场、酒吧和花园都由专属设计师负责。该建筑集合了不少当代后现代主义风格客房设计的精品。

图 4-17 后现代主义作品二

图 4-18 后现代主义作品三

图 4-19 Hotel Puerta America 客房一

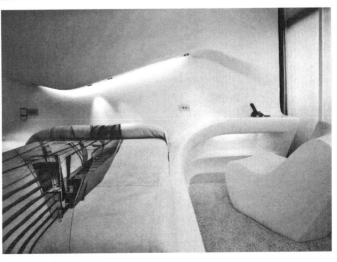

图 4-20 Hotel Puerta America 客房二

第五节 田园风格

田园风格倡导"回归自然",美学上推崇"自然美",认为只有崇尚自然、结合自然,才能在当今高科技、快节奏的社会生活中获得生理和心理的平衡。因此,田园风格力求表现悠闲、舒畅、自然的田园生活情趣,有的设计将东西方的文化相互融合。

在田园风格里,粗糙和破损是允许的,因为只有那样才更接近自然。田园风格的用料崇尚自然,常用砖、陶、木、石、藤、竹等。在织物质地的选择上多采用棉、麻等天然制品,表现的主题多为乡村风景。田园风格往往追求"绿色空间",如结合家具陈设等布置绿化,或沿窗布置,使植物融于居室,创造出自然、简朴、高雅的氛围。

东西方的田园风格表现手法和形式存在明显差异。东方人喜好自然流动的线条形式,绿化盆栽都为自然形态,西方人喜欢对绿化盆栽作几何形修葺,这种特点也体现在织物纹饰的选择与处理上。东西方不同的文化底蕴造就了两者不同的审美取向。

一、东方田园风格

风格作品常追求一种自然和心境的融合,注重情感的抒发(图4-21)。

中式田园风格作品常选用丰收印象的金黄色作为空间色彩基调,多用木、石、藤、竹、织物等天然材料来装饰,空间中常出现绿色盆栽、瓷器、陶器、藤制品等摆设。强调"天人合一"思想,崇尚自然天成。

日式田园风格与日本的大和民族紧密相关,家具多摆放于榻榻米之上,整体比较低矮平和,带少量装饰造型,常漆白色或表现木本色,花卉图案带有浓郁传统意蕴,多用于织物表现。

韩式田园家具受西方家具影响很大,整体简洁精致,常选用奶白、象牙白或本木色,常用高档的桦木、楸木等做框架,配以环保中纤板做内板,用较写实的花卉图案作为家具表面装饰。家具造型优雅,雕刻细致,油漆十分讲究。在布艺方面,以花卉图案为主,花色秀丽,常以红白二色为对比。

图4-22和图4-23是韩国的田园风格餐厅,卵石、溪流、树木、花草的造型都比较自然,如同在乡村中所看到的那样,这也折射出生活在喧嚣城市中的人对乡村生活的向往。

二、西方田园风格

西方田园风格作品大多自然与富贵并重,色调上通常以浅色调为主。西方田园风格重在对自然的表现,主要有英式、法式和美式田园风格。

英式的特色在于华美的布艺以及纯手工的制

图4-21 东方田园风格作品

图 4-22　韩国的田园风格
餐厅一

图 4-23　韩国的田园风格
餐厅二

作。碎花、条纹、苏格兰格纹，每一种布艺都乡
土味十足。家具材质多使用松木、椿木，制作以
及雕刻全是纯手工，十分讲究。

　　法国是一个充满浪漫主义色彩的国度，在家
具的设计中也体现出这一气质。法式的特色在于
家具的洗白处理以及大胆配色。家具的洗白处理
能使家具呈现出古典美，而大胆使用红、黄、蓝

三色的搭配，则显露出土地肥沃的景象，简化的
椅脚卷曲弧线以及精美的纹饰也是法式优雅乡村
生活的体现。

　　美式田园风格作为西方田园风格的典型代表，
因其自然朴实又不失高雅的气质而备受推崇。其
家具通常具有简练的线条、粗犷的造型，客厅装
饰材料常用实木、印花布、手工纺织的尼料、麻

织物以及自然裁切的石材。美国人喜欢有历史感的东西。这不仅反映在装饰摆件上对仿古艺术品的喜爱，同时也反映在装修上对各种仿古墙地砖、石材的偏爱和对各种仿旧工艺的追求上。美式田园风格的厨房多为开放式，喜好仿古形式的墙砖，门板常用实木门扇。卧室的布置比较温馨，作为主人的私密空间，主要以功能性和实用舒适为考虑的重点，一般的卧室不设顶灯，多用温馨柔软的成套布艺来装点，在装饰和用色上讲究自然统一（图4-24和图4-25）。

田园风格的设计体现了生活在都市中的现代人对身边不良生存环境改进的渴望。城市污染日益严重，乡村田园的清新空气和树木花草对城市居民来说越来越有吸引力。放松心情、抛弃压力、感受生活是田园风格崇尚的目的。

图 4-24　美式田园风格空间一

图 4-25　美式田园风格空间二

第五章　住宅室内设计施工图范例

一、海景国际公寓样板房 A1 户型设计方案

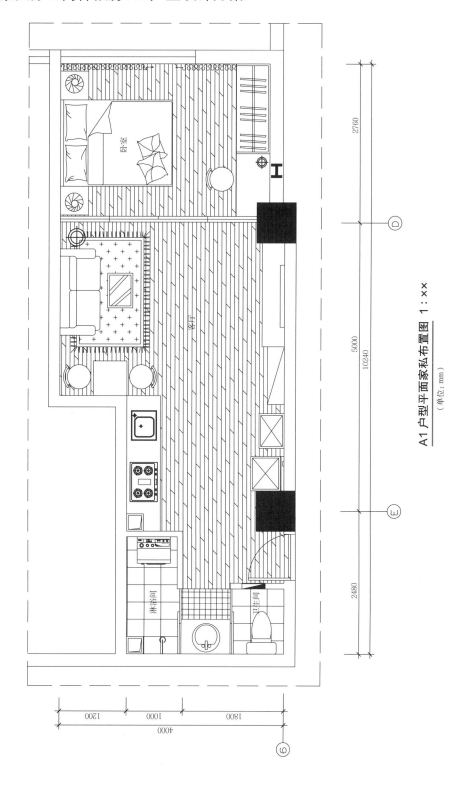

A1 户型平面家私布置图 1：××

（单位：mm）

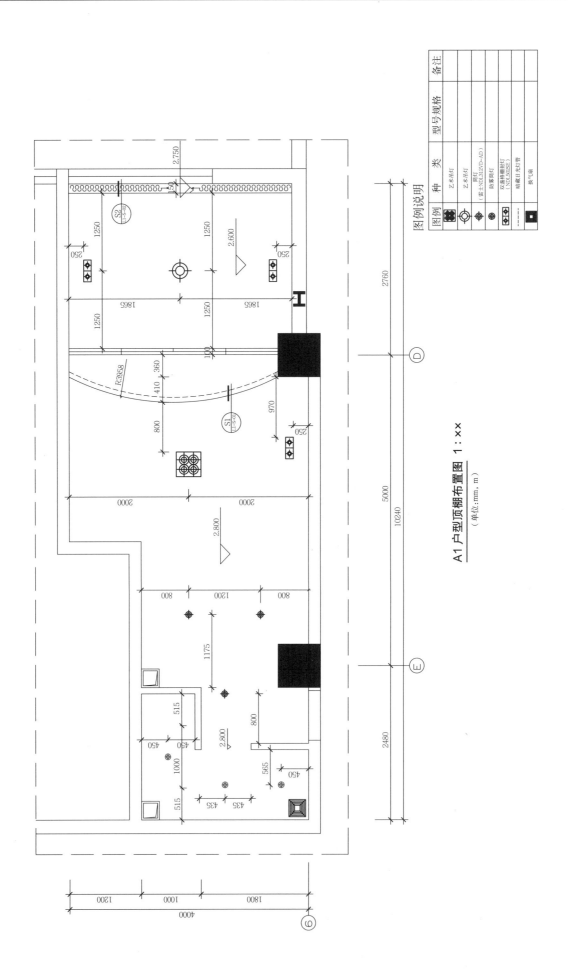

住宅空间室内设计

76

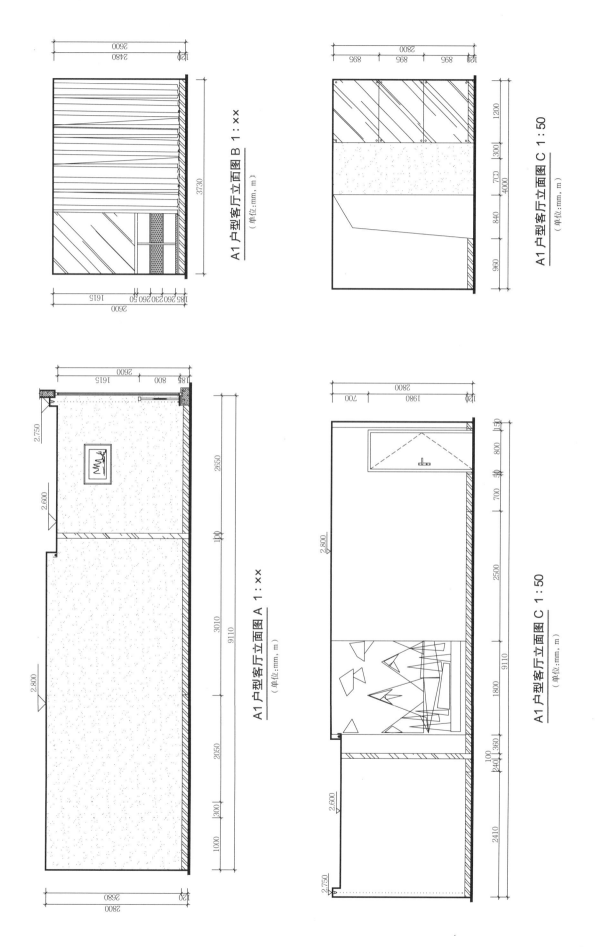

A1户型客厅立面图 B 1：××
（单位：mm，m）

A1户型客厅立面图 C 1：50
（单位：mm，m）

A1户型客厅立面图 A 1：××
（单位：mm，m）

A1户型客厅立面图 C 1：50
（单位：mm，m）

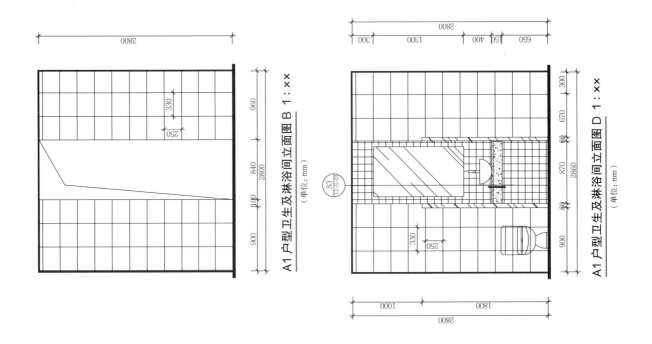

A1 户型卫生及淋浴间立面图 B 1：×× （单位：mm）

A1 户型卫生及淋浴间立面图 D 1：×× （单位：mm）

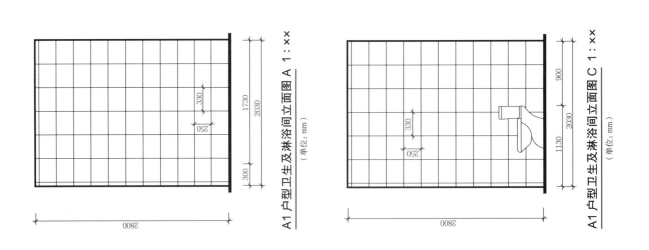

A1 户型卫生及淋浴间立面图 A 1：×× （单位：mm）

A1 户型卫生及淋浴间立面图 C 1：×× （单位：mm）

二、海景国际公寓样板房 B2 户型设计方案

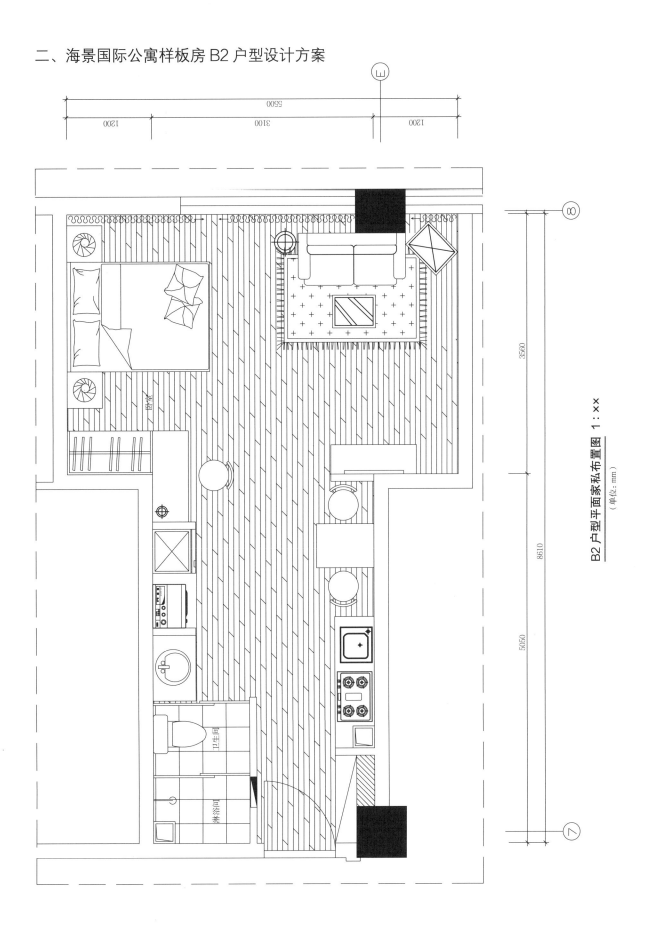

B2 户型平面家私布置图 1 : ××

（单位：mm）

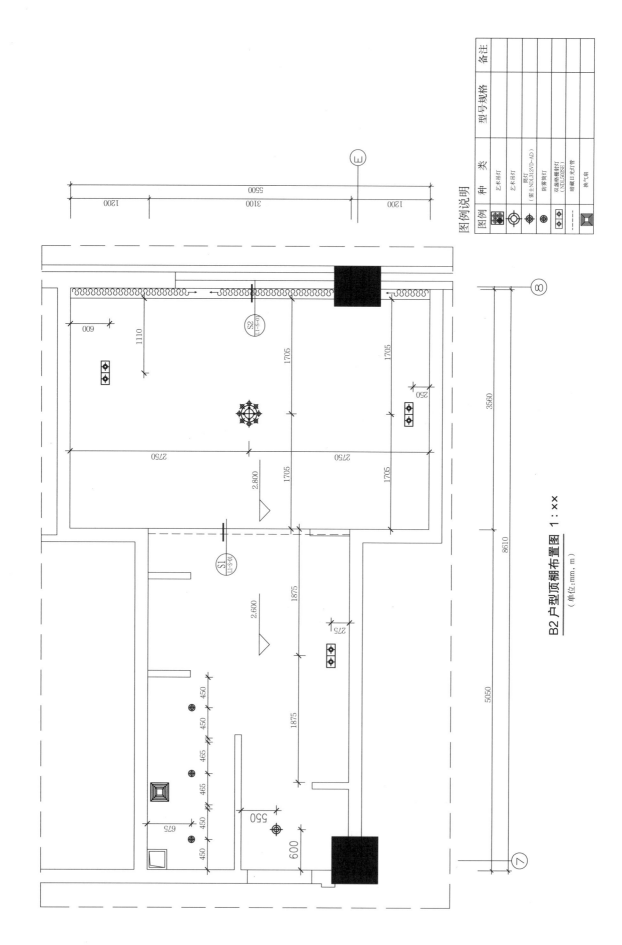

B2 户型顶棚布置图 1：××

（单位：mm，m）

图例	种　类	型号规格	备注
	艺术吊灯		
	艺术吊灯		
	筒灯（雷士NDL312VD-AD）		
	防雾筒灯		
	双泡格栅射灯（NDL502SE）		
	暗藏日光灯管		
	换气扇		

图例说明

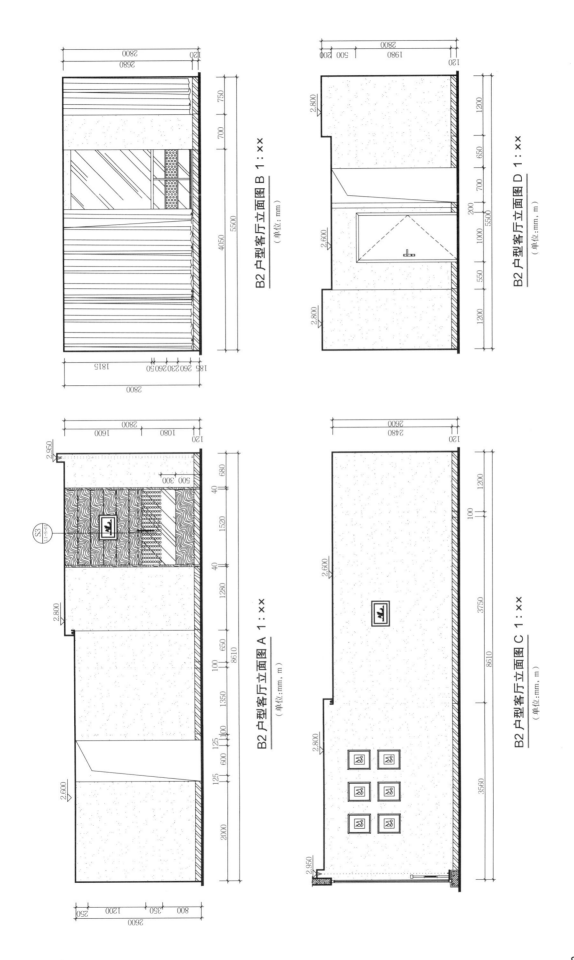

B2 户型客厅立面图 B 1：××
（单位：mm）

B2 户型客厅立面图 D 1：××
（单位：mm，m）

B2 户型客厅立面图 A 1：××
（单位：mm，m）

B2 户型客厅立面图 C 1：××
（单位：mm，m）

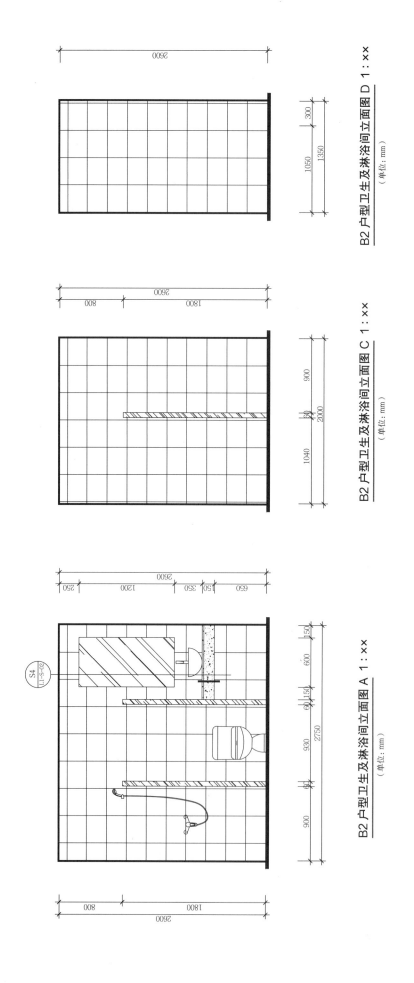

B2户型卫生及淋浴间立面图 D 1：××

（单位：mm）

B2户型卫生及淋浴间立面图 C 1：××

（单位：mm）

B2户型卫生及淋浴间立面图 A 1：××

（单位：mm）

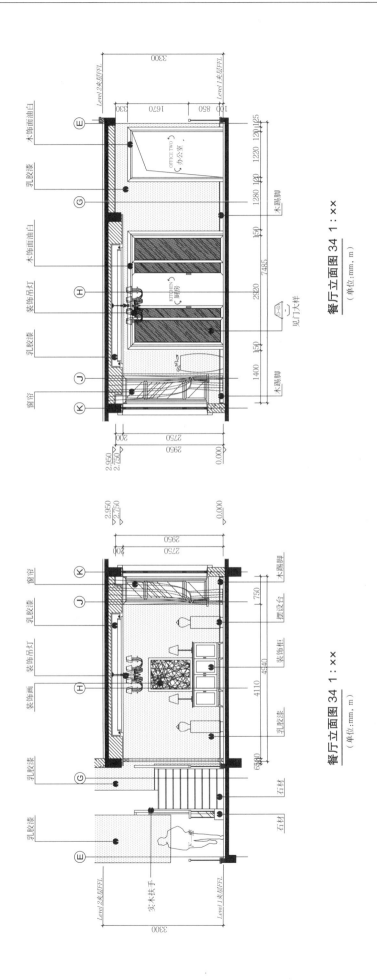

餐厅立面图 34 1：××
（单位：mm，m）

餐厅立面图 34 1：××
（单位：mm，m）

三、海景国际公寓样板房 C1 户型设计方案

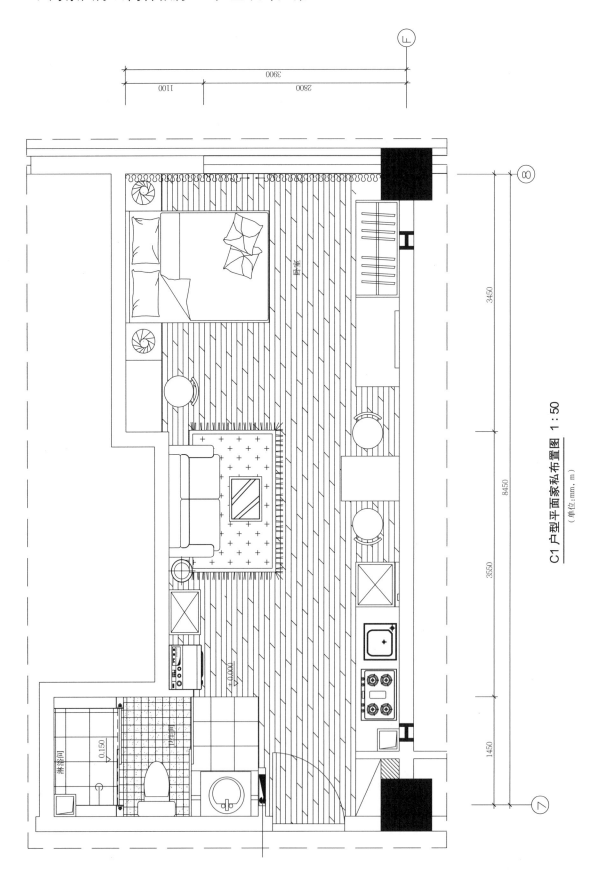

C1 户型平面家私布置图 1：50

（单位：mm、m）

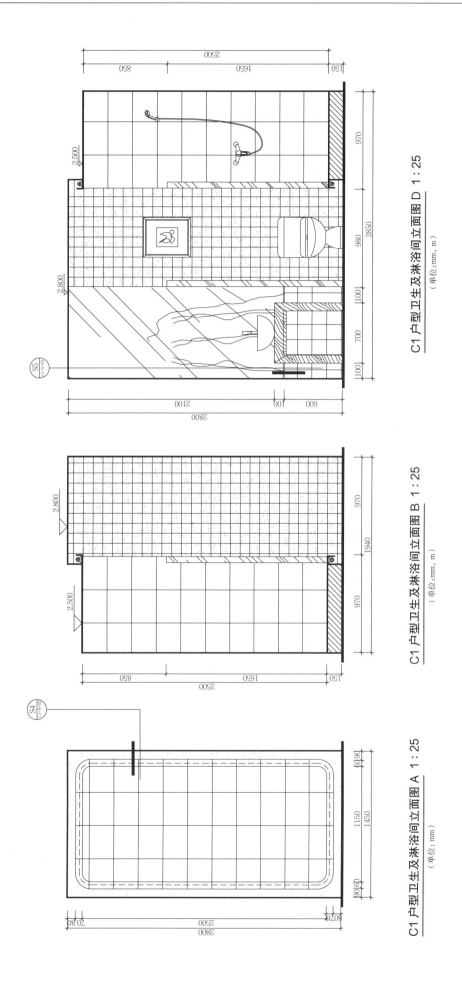

C1 户型卫生及淋浴间立面图 D 1：25
（单位：mm，m）

C1 户型卫生及淋浴间立面图 B 1：25
（单位：mm，m）

C1 户型卫生及淋浴间立面图 A 1：25
（单位：mm）

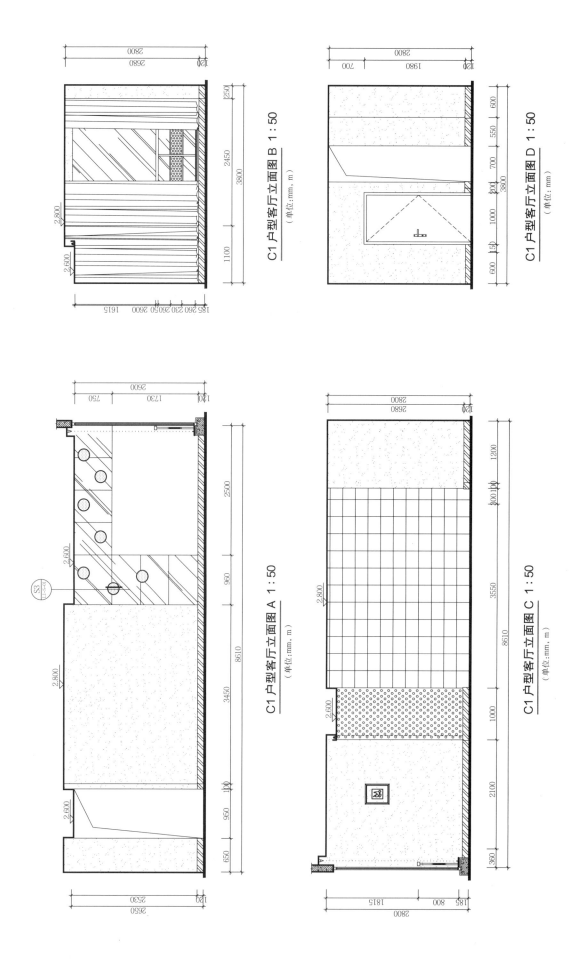

C1 户型客厅立面图 B 1:50
（单位：mm，m）

C1 户型客厅立面图 D 1:50
（单位：mm）

C1 户型客厅立面图 A 1:50
（单位：mm，m）

C1 户型客厅立面图 C 1:50
（单位：mm，m）

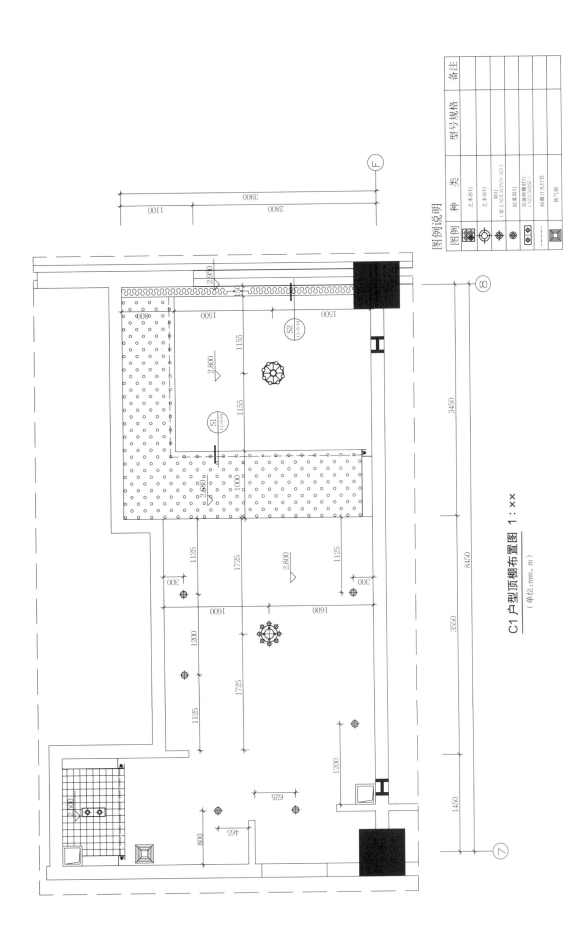

C1 户型顶棚布置图 1：××
（单位：mm，m）

图例说明		
图例	种　类	型号规格	备注
	艺术吊灯		
	艺术吊灯		
	照灯（索日ND8.II2VD-AD）		
	防雾筒灯		
	双杂喷射灯（ND5205SF）		
	嵌藏日光灯管		
	换气扇		

四、池州别墅样板房设计方案

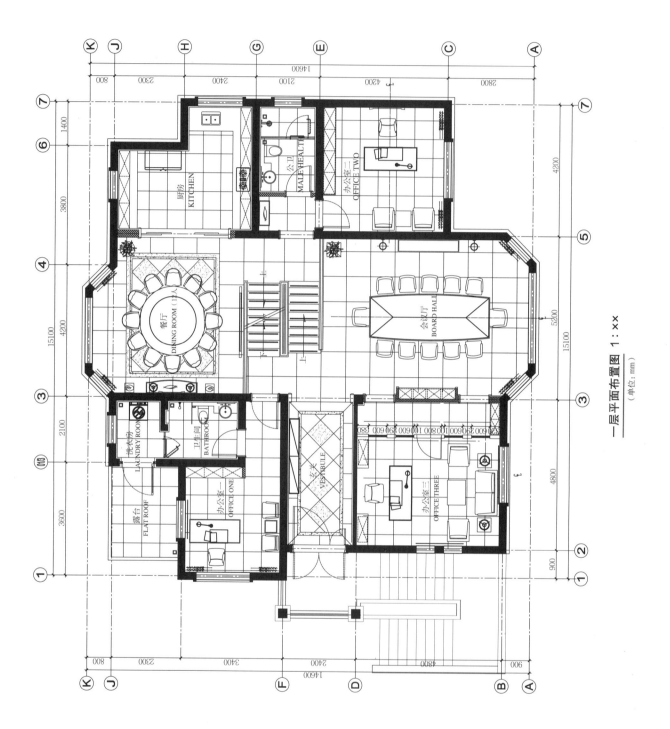

一层平面布置图 1：××

（单位：mm）

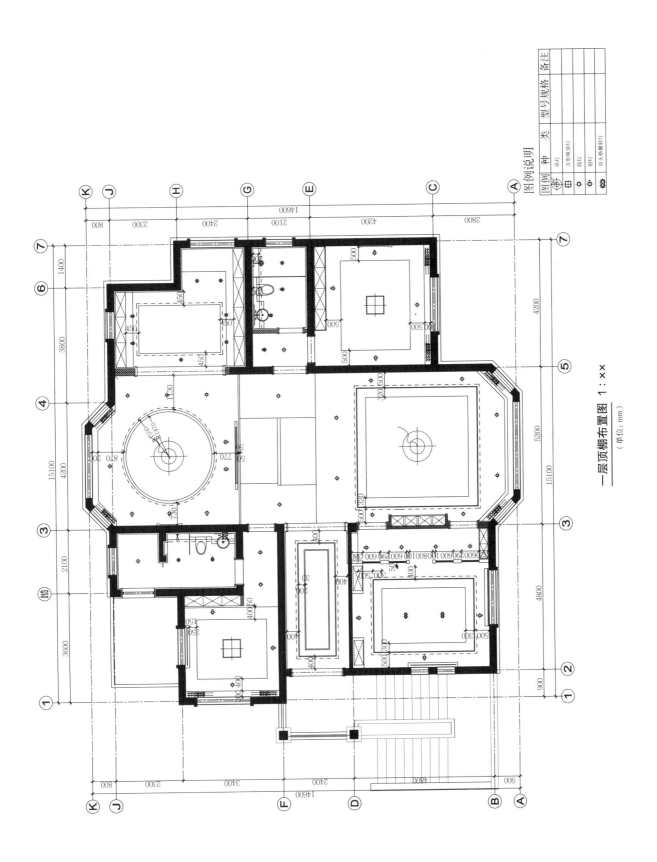

一层顶棚布置图 1 : ××

（单位：mm）

图例说明			
图例	种 类	型号规格	备注
	吊灯		
	方形暗顶灯		
	筒灯		
	射灯		
	双头格栅射灯		

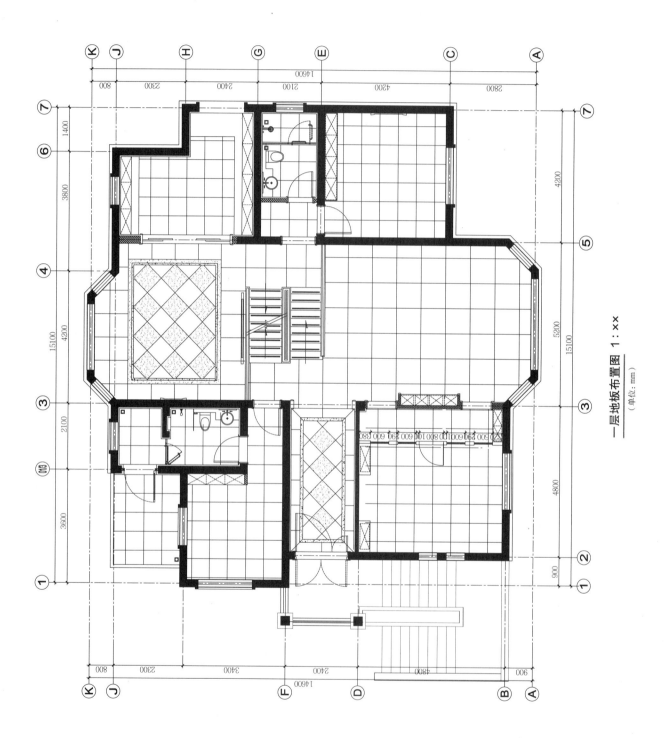

一层地板布置图 1：××
（单位：mm）

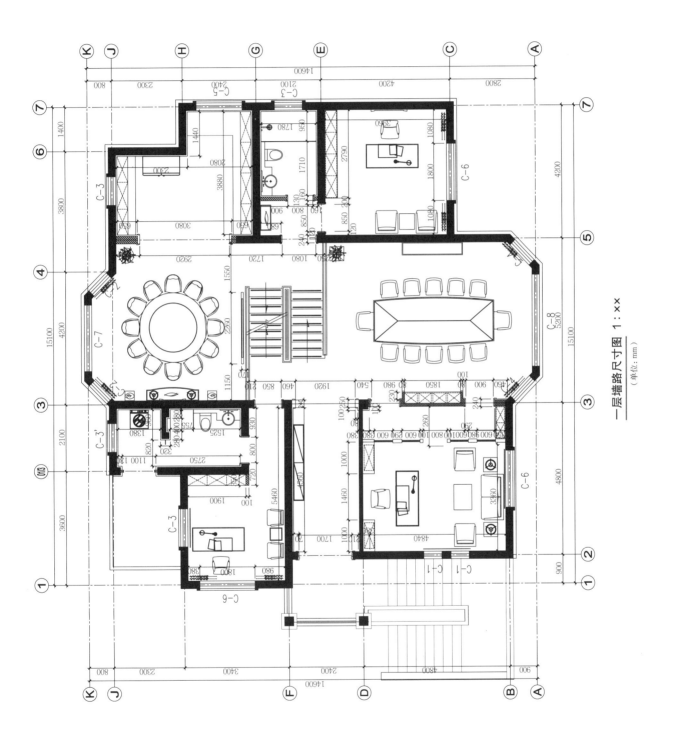

一层墙路尺寸图 1：××

（单位：mm）

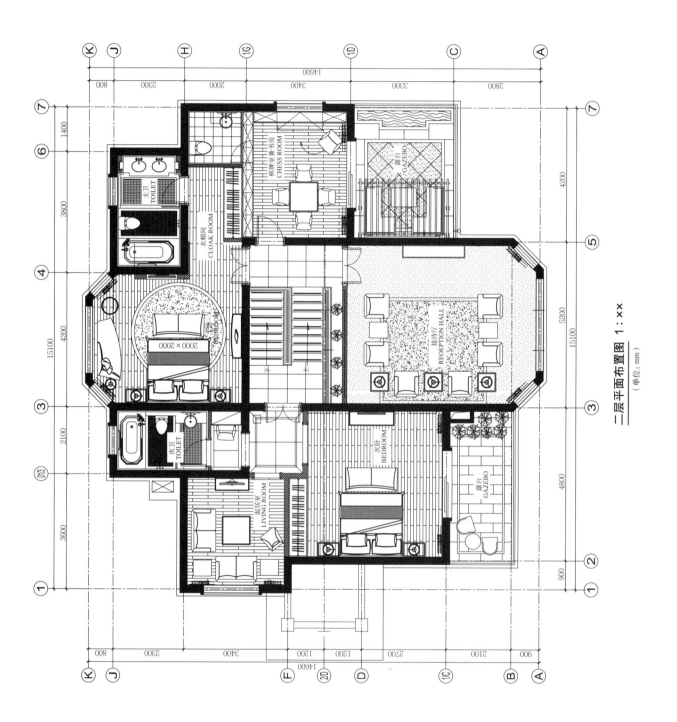

二层平面布置图 1：××

（单位：mm）

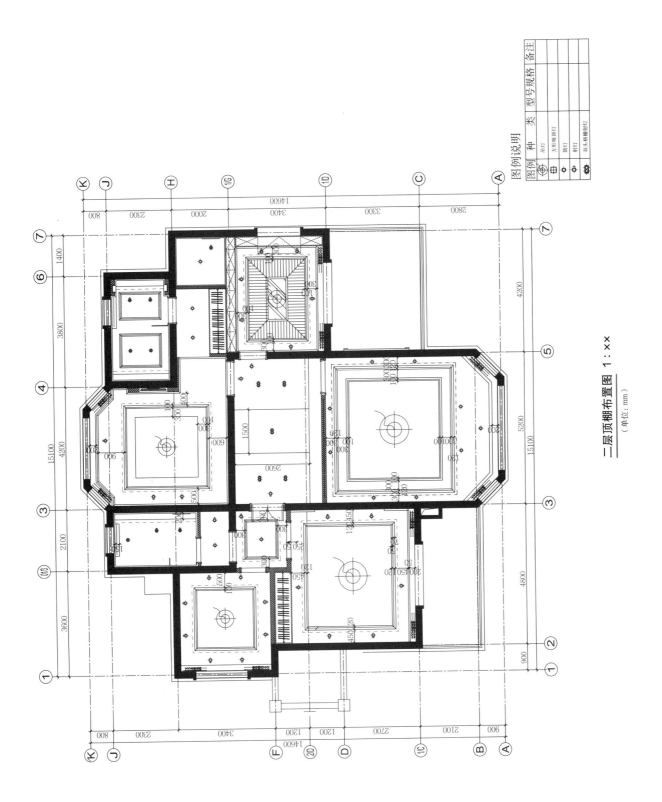

二层顶棚布置图 1：××

（单位：mm）

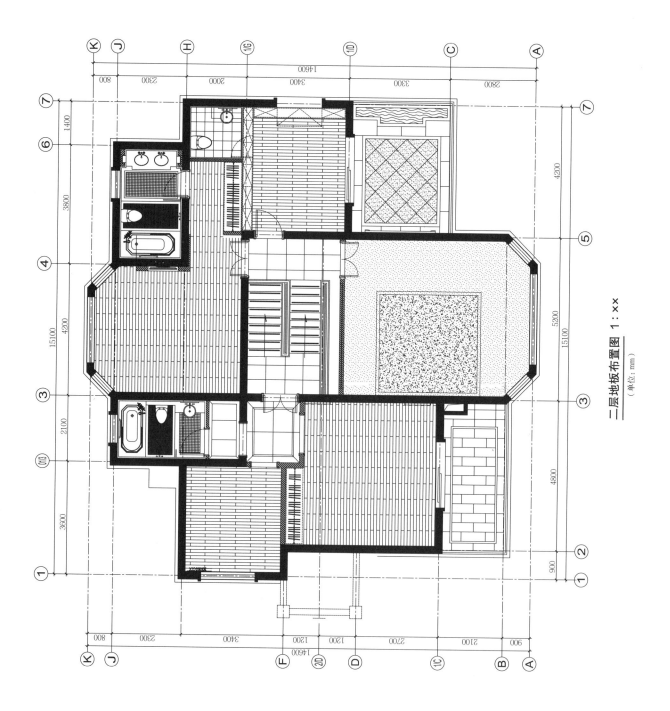

二层地板布置图 1：××
（单位：mm）

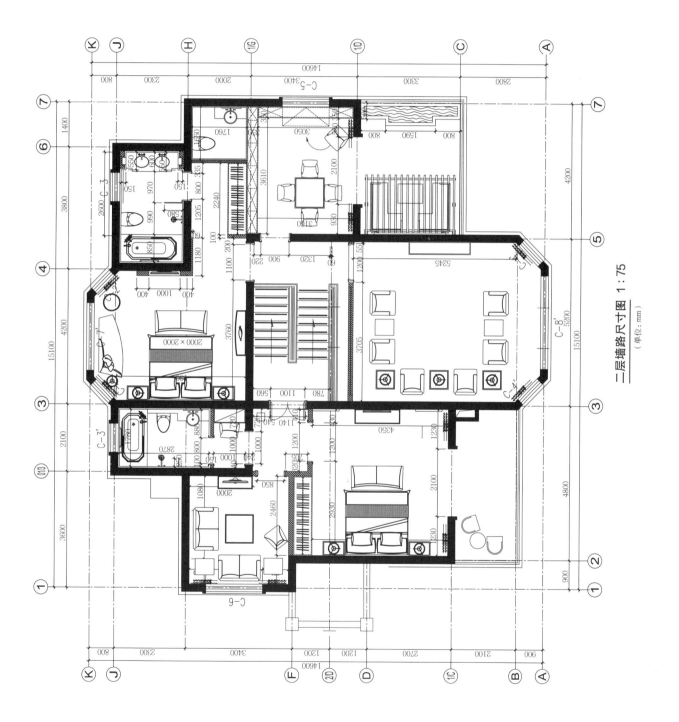

二层墙路尺寸图 1：75

（单位：mm）

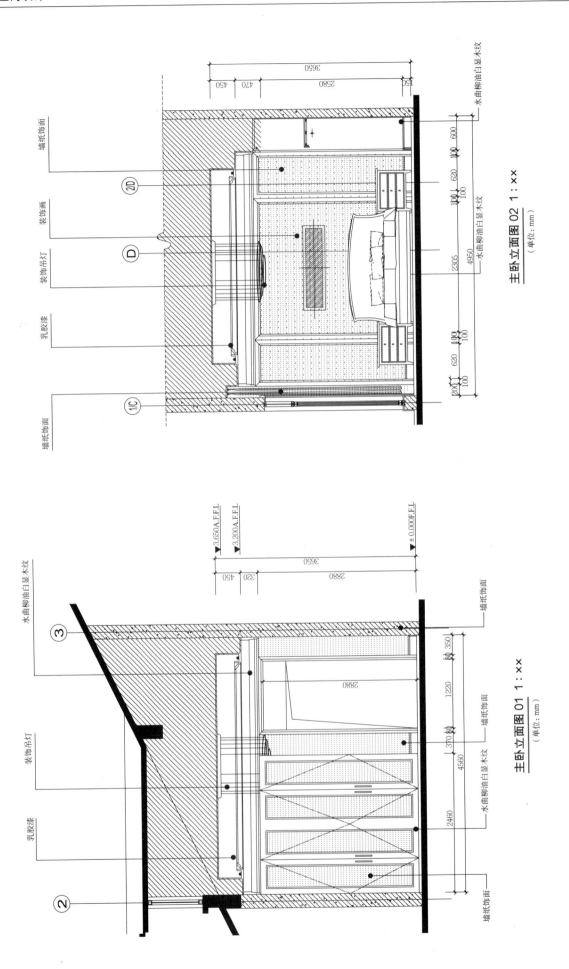

主卧立面图 02 1：××
（单位：mm）

主卧立面图 01 1：××
（单位：mm）

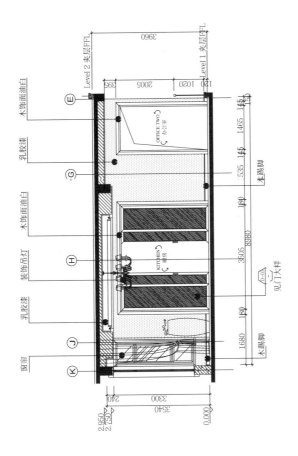

餐厅立面图 34 1：××
（单位：mm，m）

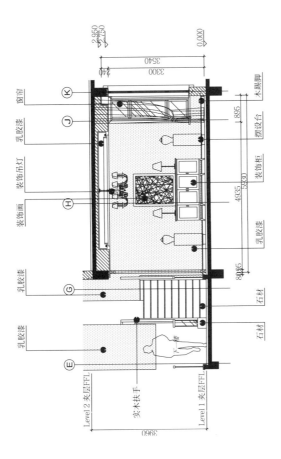

餐厅立面图 34 1：××
（单位：mm，m）

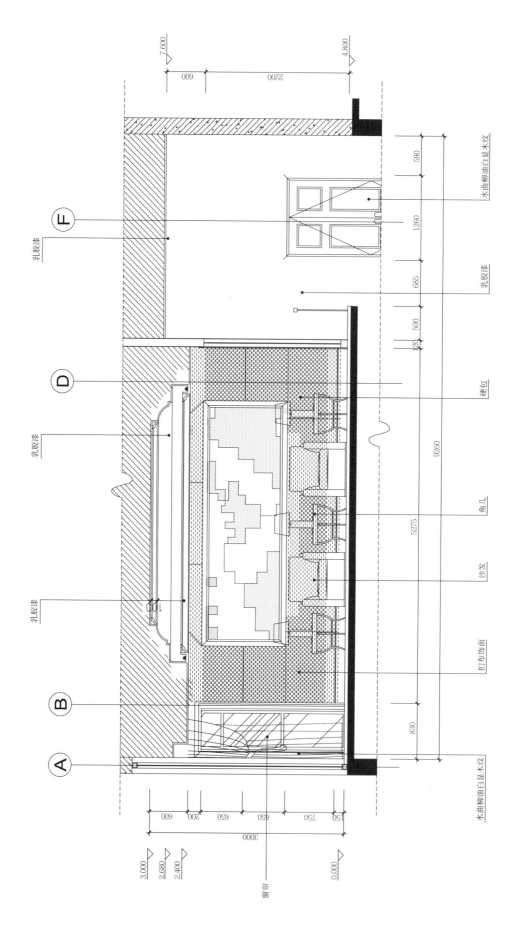

会客厅立面图 35 1:xx

(单位:mm, m)

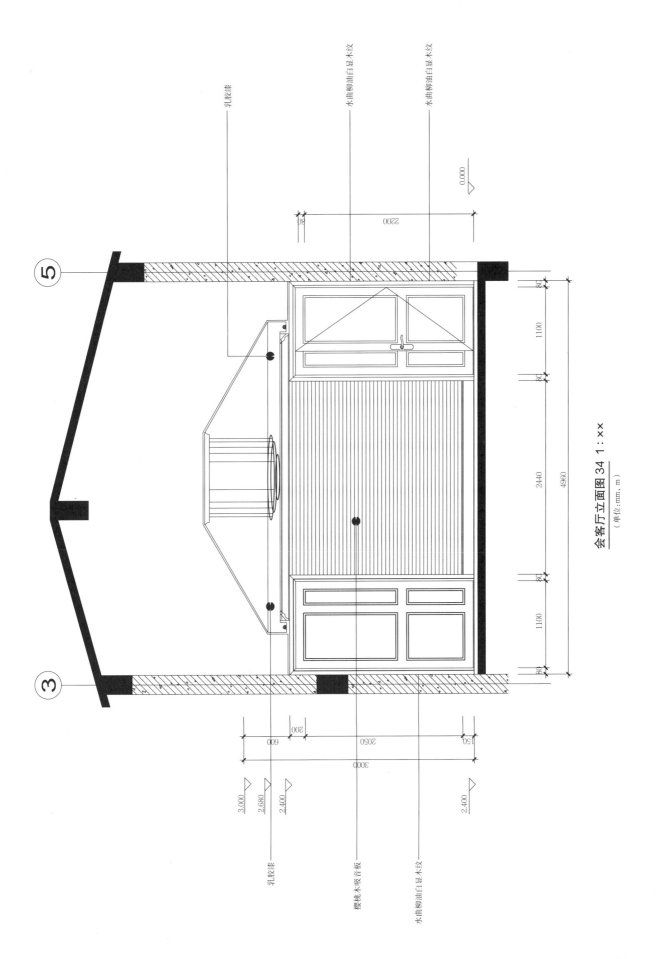

会客厅立面图 34 1：××

（单位：mm，m）

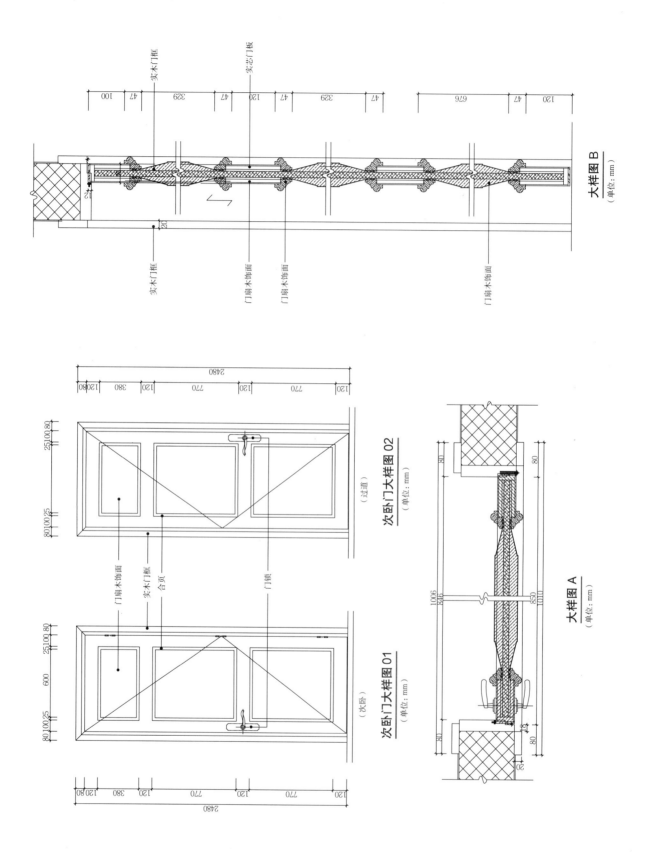

大样图 B
（单位：mm）

实木门框

实心门板

实木门框

门嵌木饰面

门嵌木饰面

门嵌木饰面

100　47　329　47　120　47　329　47　676　47　120

次卧门大样图 02
（过道）
（单位：mm）

2480
120 80　380　120　770　120　770　120 80

门嵌木饰面

实木门框

合页

门锁

次卧门大样图 01
（次卧）
（单位：mm）

2480
120 80　380　120　770　120　770　120 80

大样图 A
（单位：mm）

第六章　住宅室内设计作品赏析

一、富春华庭样板房设计方案

设计公司：广州善川装饰工程有限公司

设计师：林泽

面积：228m²

风格：新中式风格

主要材料：瓷砖、黑色镜面不锈钢、硬包、素色墙布、大理石、实木通花等。

设计说明：该业主是一位很有个性且自信的90后青年，在沟通过程中着重表达了对中式元素的喜爱，同时希望与现代简约相结合。设计师通过运用工艺隔断和一些简约的造型为基础，添加了中式元素，再配以现代的装饰手法和家具，整体呈现出亦古亦今的空间氛围，使得中式风格的古色古香与现代风格的简单素雅自然融合。

富春华庭样板房客厅

富春华庭样板房餐厅

富春华庭样板房书房

富春华庭样板房主卧室

富春华庭样板房入户阳台

富春华庭样板房次卧室

二、万景天悦样板房设计方案

设计公司：广州善川装饰工程有限公司

面积：133m²

风格：新中式风格

主要材料：不锈钢、大理石、瓷砖、墙布、硬包等。

设计说明：此业主为准新郎一名，房子应结婚需求而准备。沟通中明确表达了对中式风格的喜好，并希望能以满足妻子对实用性的要求为基准。设计师在空间色彩方面秉承了传统古典风格的典雅和华贵，但与之不同的是加入了很多现代元素，呈现着时尚的特征。在配饰的选择方面更为简洁，少了许多奢华的装饰，给整体增添几分简洁。

万景天悦样板房玄关

万景天悦样板房客厅

万景天悦样板房客厅

万景天悦样板房餐厅

三、星城豪园样板房设计方案
设计公司：广州善川装饰工程有限公司

面积：133m²

风格：新中式风格

主要材料：不锈钢，大理石，瓷砖，墙布，硬包等。

设计说明：此业主是一名医生，喜欢典雅温馨的感觉。整个空间以温馨典雅打造新中式风格。设计师在空间造型方面秉承了传统古典风格元素的典雅，但与之不同的是为小孩健康成长特地在小孩房加入了童真色彩，在配饰的选择方面更为简洁，少了许多奢华的装饰，给整体增添几分简洁。

星城豪园样板房客厅

星城豪园样板房餐厅

星城豪园样板房主卧室　　　　　　　　　　　　星城豪园样板房次卧室

四、恒大御景半岛丹桂湖 49 号别墅设计方案

设计公司：广州善川装饰工程有限公司

设计师：林泽

面积：500m^2

风格：简欧风格

主要材料：银镜、黑色镜面不锈钢、大理石、瓷砖、墙布、硬包等。

设计理念："时尚艺术"与"经典文化"独具一格

设计说明：本别墅业主是一对年轻夫妻。通过与业主沟通，其在对西方文化热衷的情况下，同时不失对年轻时尚的追求，大爱黑白灰色调。设计师通过汲取西方文化与现代时尚潮流的精华，在硬装与软装搭配上，很好地将一些细节处理到极致。

别墅门厅　　　　　　　　　　　　　　　　　别墅客厅

别墅餐厅

别墅楼梯间

别墅主卧室

别墅次卧室

别墅卫生间

别墅健身房

五、恒大御景半岛丹桂湖 50 号别墅设计方案

设计公司：广州善川装饰工程有限公司

面积：470m²

风格：黑白简约风格

主要材料：黑色镜面不锈钢、大理石、瓷砖、墙布等。

设计理念：通过与业主初步沟通，业主热衷现代简约风格，但要求简约而不简单；同时，业主户是星战迷（星球大战），这更是一种思想层面的追求，是一种情怀。

设计灵感：本案的精神在"时尚"艺术与"简约"设计的相互结合，犹如阴阳调和，就好比道家思想："道可道，非恒道；名可名，非恒名"。时尚艺术诠释为："道"。经典设计诠释为："名"。"道"可以用言语表达的，就不是永恒的"道"。"名"可以用名称界定的，就不是恒久的"名"。无法用言语表达的时尚艺术与简约的永恒经典设计风格相互合璧，独具一格，终极哲理，经典设计，不被时间所淘汰。

客厅

客厅电视机背景墙

餐厅

KTV 房

主卧

主卧衣帽间

次卧

卫生间

附　录

I 住宅设计规范（节选）GB 50096-2011

关于发布国家标准《住宅设计规范》的公告
第 1093 号

现批准《住宅设计规范》为国家标准，编号
为 GB 50096-2011，自 2012 年 8 月 1 日起实施。
其中，第 5.1.1、5.3.3、5.4.4、5.5.2、5.5.3、5.6.2、
5.6.3、5.8.1、6.1.1、6.1.2、6.1.3、6.2.1、6.2.2、6.2.3、
6.2.4、6.2.5、6.3.1、6.3.2、6.3.5、6.4.1、6.4.7、6.5.2、
6.6.1、6.6.2、6.6.3、6.6.4、6.7.1、6.9.1、6.9.6、6.10.1、
6.10.4、7.1.1、7.1.3、7.1.5、7.2.1、7.2.3、7.3.1、7.3.2、
7.4.1、7.4.2、7.5.3、8.1.1、8.1.2、8.1.3、8.1.4、8.1.7、
8.2.1、8.2.2、8.2.6、8.2.10、8.2.11、8.2.12、8.3.2、8.3.3、
8.3.4、8.3.6、8.3.12、8.4.1、8.4.3、8.4.4、8.5.3、8.7.3、
8.7.4、8.7.5、8.7.9 条为强制性条文，必须严格执行。
原《住宅设计规范》GB 50096-1999（2003 年版）
同时废止。

本规范由我部标准定额研究所组织中国建筑
工业出版社出版发行。

中华人民共和国住房和城乡建设部
2011 年 7 月 26 日

1 总　则

1.0.1　为保障城镇居民的基本住房条件和功能
质量，提高城镇住宅设计水平，使住宅设计满足安
全、卫生、适用、经济等性能要求，制定本规范。

1.0.2　本规范适用于全国城镇新建、改建和
扩建住宅的建筑设计。

1.0.3　住宅设计必须执行国家有关方针、政
策和法规，遵守安全卫生、环境保护、节约用地、
节约能源资源等有关规定。

1.0.4　住宅设计除应符合本规范外，尚应符

合国家现行有关标准的规定。

2 术　语

2.0.1　住宅 residential building
供家庭居住使用的建筑。

2.0.2　套型 dwelling unit
由居住空间和厨房、卫生间等共同组成的基
本住宅单位。

2.0.3　居住空间 habitable space
卧室、起居室（厅）的统称。

2.0.4　卧室 bed room
供居住者睡眠、休息的空间。

2.0.5　起居室（厅）living room
供居住者会客、娱乐、团聚等活动的空间。

2.0.6　厨房 kitchen
供居住者进行炊事活动的空间。

2.0.7　卫生间 bathroom
供居住者进行便溺、洗浴、盥洗等活动的空间。

2.0.8　使用面积 usable area
房间实际能使用的面积，不包括墙、柱等结
构构造的面积。

2.0.9　层高 storey height
上下相邻两层楼面或楼面与地面之间的垂直
距离。

2.0.10　室内净高 interior net storey height
楼面或地面至上部楼板底面或吊顶底面之间
的垂直距离。

2.0.11　阳台 balcony
附设于建筑物外墙设有栏杆或栏板，可供人
活动的空间。

2.0.12　平台 terrace
供居住者进行室外活动的上人屋面或由住宅
底层地面伸出室外的部分。

2.0.13 过道 passage

住宅套内使用的水平通道。

2.0.14 壁柜 cabinet

建筑室内与墙壁结合而成的落地贮藏空间。

2.0.15 凸窗 bay-window

凸出建筑外墙面的窗户。

2.0.16 跃层住宅 duplex apartment

套内空间跨越两个楼层且设有套内楼梯的住宅。

2.0.17 自然层数 natural storeys

按楼板、地板结构分层的楼层数。

2.0.18 中间层 middle-floor

住宅底层、入口层和最高住户入口层之间的楼层。

2.0.19 架空层 open floor

仅有结构支撑而无外围护结构的开敞空间层。

2.0.20 走廊 gallery

住宅套外使用的水平通道。

2.0.21 联系廊 inter-unit gallery

联系两个相邻住宅单元的楼、电梯间的水平通道。

2.0.22 住宅单元 residential building unit

由多套住宅组成的建筑部分，该部分内的住户可通过共用楼梯和安全出口进行疏散。

2.0.23 地下室 basement

室内地面低于室外地平面的高度超过室内净高的1/2的空间。

2.0.24 半地下室 semi-basement

室内地面低于室外地平面的高度超过室内净高的1/3，且不超过1/2的空间。

2.0.25 附建公共用房 accessory assembly occupancy building

附于住宅主体建筑的公共用房，包括物业管理用房、符合噪声标准的设备用房、中小型商业用房、不产生油烟的餐饮用房等。

2.0.26 设备层 mechanical floor

建筑物中专为设置暖通、空调、给水排水和电气的设备和管道施工人员进入操作的空间层。

3 基本规定

3.0.1 住宅设计应符合城镇规划及居住区规划的要求，并应经济、合理、有效地利用土地和空间。

3.0.2 住宅设计应使建筑与周围环境相协调，并应合理组织方便、舒适的生活空间。

3.0.3 住宅设计应以人为本，除应满足一般居住使用要求外，尚应根据需要满足老年人、残疾人等特殊群体的使用要求。

3.0.4 住宅设计应满足居住者所需的日照、天然采光、通风和隔声的要求。

3.0.5 住宅设计必须满足节能要求，住宅建筑应能合理利用能源。宜结合各地能源条件，采用常规能源与可再生能源结合的供能方式。

3.0.6 住宅设计应推行标准化、模数化及多样化，并应积极采用新技术、新材料、新产品，积极推广工业化设计、建造技术和模数应用技术。

3.0.7 住宅的结构设计应满足安全、适用和耐久的要求。

3.0.8 住宅设计应符合相关防火规范的规定，并应满足安全疏散的要求。

3.0.9 住宅设计应满足设备系统功能有效、运行安全、维修方便等基本要求，并应为相关设备预留合理的安装位置。

3.0.10 住宅设计应在满足近期使用要求的同时，兼顾今后改造的可能。

4 技术经济指标计算

4.0.1 住宅设计应计算下列技术经济指标：

——各功能空间使用面积（m^2）；

——套内使用面积（m^2/套）；

——套型阳台面积（m^2/套）；

——套型总建筑面积（m^2/套）；

——住宅楼总建筑面积（m^2）。

4.0.2 计算住宅的技术经济指标，应符合下列规定：

1 各功能空间使用面积应等于各功能空间墙体内表面所围合的水平投影面积；

2 套内使用面积应等于套内各功能空间使用面积之和；

3 套型阳台面积应等于套内各阳台的面积之和；阳台的面积均应按其结构底板投影净面积的一半计算；

4 套型总建筑面积应等于套内使用面积、相应的建筑面积和套型阳台面积之和；

5 住宅楼总建筑面积应等于全楼各套型总建筑面积之和。

4.0.3 套内使用面积计算，应符合下列规定：

1 套内使用面积应包括卧室、起居室（厅）、餐厅、厨房、卫生间、过厅、过道、贮藏室、壁柜等使用面积的总和；

2 跃层住宅中的套内楼梯应按自然层数的使用面积总和计入套内使用面积；

3 烟囱、通风道、管井等均不应计入套内使用面积；

4 套内使用面积应按结构墙体表面尺寸计算；有复合保温层时，应按复合保温层表面尺寸计算；

5 利用坡屋顶内的空间时，屋面板下表面与楼板地面的净高低于1.2m的空间不应计算使用面积，净高在1.20m～2.10m的空间应按1/2计算使用面积，净高超过2.10m的空间应全部计入套内使用面积；坡屋顶无结构顶层楼板，不能利用坡屋顶空间时不应计算其使用面积；

6 坡屋顶内的使用面积应列入套内使用面积中。

4.0.4 套型总建筑面积计算，应符合下列规定：

1 应按全楼各层外墙结构外表面及柱外沿所围合的水平投影面积之和求出住宅楼建筑面积，当外墙设外保温层时，应按保温层外表面计算；

2 应以全楼总套内使用面积除以住宅楼建筑面积得出计算比值；

3 套型总建筑面积应等于套内使用面积除以计算比值所得面积，加上套型阳台面积。

4.0.5 住宅楼的层数计算应符合下列规定：

1 当住宅楼的所有楼层的层高不大于3.00m时，层数应按自然层数计；

2 当住宅和其他功能空间处于同一建筑物内时，应将住宅部分的层数与其他功能空间的层数叠加计算建筑层数。当建筑中有一层或若干层的层高大于3.00m时，应对大于3.00m的所有楼层按其高度总和除以3.00m进行层数折算，余数小于1.50m时，多出部分不应计入建筑层数，余数大于或等于1.50m时，多出部分应按1层计算；

3 层高小于2.20m的架空层和设备层不应计入自然层数；

4 高出室外设计地面小于2.20m的半地下室不应计入地上自然层数。

5 套内空间

5.1 套型

5.1.1 住宅应按套型设计，每套住宅应设卧室、起居室（厅）、厨房和卫生间等基本功能空间。

5.1.2 套型的使用面积应符合下列规定：

1 由卧室、起居室（厅）、厨房和卫生间等组成的套型，其使用面积不应小于30m²；

2 由兼起居的卧室、厨房和卫生间等组成的最小套型，其使用面积不应小于22m²。

5.2 卧室、起居室（厅）

5.2.1 卧室的使用面积应符合下列规定：

1 双人卧室不应小于9m²；

2 单人卧室不应小于5m²；

3 兼起居的卧室不应小于12m²。

5.2.2 起居室（厅）的使用面积不应小于10m²。

5.2.3 套型设计时应减少直接开向起居厅的门的数量。起居室（厅）内布置家具的墙面直线长度宜大于3m。

5.2.4 无直接采光的餐厅、过厅等，其使用面积不宜大于10m²。

5.3 厨 房

5.3.1 厨房的使用面积应符合下列规定：

1 由卧室、起居室（厅）、厨房和卫生间等组成的住宅套型的厨房使用面积，不应小于4.0m²；

2 由兼起居的卧室、厨房和卫生间等组成的住宅最小套型的厨房使用面积，不应小于3.5m²。

5.3.2 厨房宜布置在套内近入口处。

5.3.3 厨房应设置洗涤池、案台、炉灶及排油烟机、热水器等设施或为其预留位置。

5.3.4 厨房应按炊事操作流程布置。排油烟机的位置应与炉灶位置对应，并应与排气道直接连通。

5.3.5 单排布置设备的厨房净宽不应小于1.50m；双排布置设备的厨房其两排设备之间的净距不应小于0.90m。

5.4 卫生间

5.4.1 每套住宅应设卫生间,应至少配置便器、洗浴器、洗面器三件卫生设备或为其预留设置位置及条件。三件卫生设备集中配置的卫生间的使用面积不应小于2.50m²。

5.4.2 卫生间可根据使用功能要求组合不同的设备。不同组合的空间使用面积应符合下列规定:

1 设便器、洗面器时不应小于1.80m²;

2 设便器、洗浴器时不应小于2.00m²;

3 设洗面器、洗浴器时不应小于2.00m²;

4 设洗面器、洗衣机时不应小于1.80m²;

5 单设便器时不应小于1.10m²。

5.4.3 无前室的卫生间的门不应直接开向起居室(厅)或厨房。

5.4.4 卫生间不应直接布置在下层住户的卧室、起居室(厅)、厨房和餐厅的上层。

5.4.5 当卫生间布置在本套内的卧室、起居室(厅)、厨房和餐厅的上层时,均应有防水和便于检修的措施。

5.4.6 每套住宅应设置洗衣机的位置及条件。

5.5 层高和室内净高

5.5.1 住宅层高宜为2.80m。

5.5.2 卧室、起居室(厅)的室内净高不应低于2.40m,局部净高不应低于2.10m,且局部净高的室内面积不应大于室内使用面积的1/3。

5.5.3 利用坡屋顶内空间作卧室、起居室(厅)时,至少有1/2的使用面积的室内净高不应低于2.10m。

5.5.4 厨房、卫生间的室内净高不应低于2.20m。

5.5.5 厨房、卫生间内排水横管下表面与楼面、地面净距不得低于1.90m,且不得影响门、窗扇开启。

5.6 阳台

5.6.1 每套住宅宜设阳台或平台。

5.6.2 阳台栏杆设计必须采用防止儿童攀登的构造,栏杆的垂直杆件间净距不应大于0.11m,放置花盆处必须采取防坠落措施。

5.6.3 阳台栏板或栏杆净高,六层及六层以下不应低于1.05m;七层及七层以上不应低于1.10m。

5.6.4 封闭阳台栏板或栏杆也应满足阳台栏板或栏杆净高要求。七层及七层以上住宅和寒冷、严寒地区住宅宜采用实体栏板。

5.6.5 顶层阳台应设雨罩,各套住宅之间毗连的阳台应设分户隔板。

5.6.6 阳台、雨罩均应采取有组织排水措施,雨罩及开敞阳台应采取防水措施。

5.6.7 当阳台设有洗衣设备时应符合下列规定:

1 应设置专用给、排水管线及专用地漏,阳台楼、地面均应做防水;

2 严寒和寒冷地区应封闭阳台,并应采取保温措施。

5.6.8 当阳台或建筑外墙设置空调室外机时,其安装位置应符合下列规定:

1 应能通畅地向室外排放空气和自室外吸入空气;

2 在排出空气一侧不应有遮挡物;

3 应为室外机安装和维护提供方便操作的条件;

4 安装位置不应对室外人员形成热污染。

5.7 过道、贮藏空间和套内楼梯

5.7.1 套内入口过道净宽不宜小于1.20m;通往卧室、起居室(厅)的过道净宽不应小于1.00m;通往厨房、卫生间、贮藏室的过道净宽不应小于0.90m。

5.7.2 套内设于底层或靠外墙、靠卫生间的壁柜内部应采取防潮措施。

5.7.3 套内楼梯当一边临空时,梯段净宽不应小于0.75m;当两侧有墙时,墙面之间净宽不应小于0.90m,并应在其中一侧墙面设置扶手。

5.7.4 套内楼梯的踏步宽度不应小于0.22m;高度不应大于0.20m,扇形踏步转角距扶手中心0.25m处,宽度不应小于0.22m。

5.8 门窗

5.8.1 窗外没有阳台或平台的外窗,窗台距楼面、地面的净高低于0.90m时,应设置防护设施。

5.8.2 当设置凸窗时应符合下列规定:

1 窗台高度低于或等于0.45m时,防护高度从窗台面起算不应低于0.90m;

2 可开启窗扇窗洞口底距窗台面的净高低于

0.90m 时，窗洞口处应有防护措施。其防护高度从窗台面起算不应低于 0.90m；

3 严寒和寒冷地区不宜设置凸窗。

5.8.3 底层外窗和阳台门、下沿低于 2.00m 且紧邻走廊或共用上人屋面上的窗和门，应采取防卫措施。

5.8.4 面临走廊、共用上人屋面或凹口的窗，应避免视线干扰，向走廊开启的窗扇不应妨碍交通。

5.8.5 户门应采用具备防盗、隔音功能的防护门。向外开启的户门不应妨碍公共交通及相邻户门开启。

5.8.6 厨房和卫生间的门应在下部设置有效截面积不小于 0.02m² 的固定百叶，也可距地面留出不小于 30mm 的缝隙。

5.8.7 各部位门洞的最小尺寸应符合表 5.8.7 的规定。

表 5.8.7　门洞最小尺寸

类别	洞口宽度（m）	洞口高度（m）
公用外门	1.20	2.00
户（套）门	1.00	2.00
起居室（厅）门	0.90	2.00
卧室门	0.90	2.00
厨房门	0.80	2.00
卫生间门	0.70	2.00
阳台门（单扇）	0.70	2.00

注：1 表中门洞口高度不包括门上亮子高度，宽度以平开门为准。
　　2 洞口两侧地面有高低差时，以高地面为起算高度。

6 共用部分

6.1 窗台、栏杆和台阶

6.1.1 楼梯间、电梯厅等共用部分的外窗，窗外没有阳台或平台，且窗台距楼面、地面的净高小于 0.90m 时，应设防护设施。

6.1.2 公共出入口台阶高度超过 0.7m 并侧面临空时，应设置防护设施，防护设施净高不应低于 1.05m。

6.1.3 外廊、内天井及上人屋面等临空处的栏杆净高，六层及六层以下不应低于 1.05m，七层及七层以上不应低于 1.10m。防护栏杆必须采用防止儿童攀登的构造，栏杆的垂直杆件间净距不应大于 0.11m。放置花盆处必须采取防坠落措施。

6.1.4 公共出入口台阶踏步宽度不宜小于 0.30m，踏步高度不宜大于 0.15m，并不宜小于 0.10m，踏步高度应均匀一致，并应采取防滑措施。台阶踏步数不应少于 2 级，当高差不足 2 级时，应按坡道设置；台阶宽度大于 1.80m 时，两侧宜设置栏杆扶手，高度应为 0.90m。

6.2 安全疏散出口

6.2.1 十层以下的住宅建筑，当住宅单元任一层的建筑面积大于 650m²，或任一套房的户门至安全出口的距离大于 15m 时，该住宅单元每层的安全出口不应少于 2 个。

6.2.2 十层及十层以上且不超过十八层的住宅建筑，当住宅单元任一层的建筑面积大于 650m²，或任一套房的户门至安全出口的距离大于 10m 时，该住宅单元每层的安全出口不应少于 2 个。

6.2.3 十九层及十九层以上的住宅建筑，每层住宅单元的安全出口不应少于 2 个。

6.2.4 安全出口应分散布置，两个安全出口的距离不应小于 5m。

6.2.5 楼梯间及前室的门应向疏散方向开启。

6.2.6 十层以下的住宅建筑的楼梯间宜通至屋顶，且不应穿越其他房间。通向平屋面的门应向屋面方向开启。

6.2.7 十层及十层以上的住宅建筑，每个住宅单元的楼梯均应通至屋顶，且不应穿越其他房间。通向平屋面的门应向屋面方向开启。各住宅单元的楼梯间宜在屋顶相连通。但符合下列条件之一的，楼梯可不通至屋顶：

1 十八层及十八层以下，每层不超过 8 户、建筑面积不超过 650m²，且设有一座共用的防烟楼梯间和消防电梯的住宅；

2 顶层设有外部联系廊的住宅。

6.3 楼梯

6.3.1 楼梯梯段净宽不应小于 1.10m，不超过六层的住宅，一边设有栏杆的梯段净宽不应小于 1.00m。

6.3.2 楼梯踏步宽度不应小于 0.26m，踏步高度不应大于0.175m。扶手高度不应小于0.90m。楼梯水平段栏杆长度大于0.50m时，其扶手高度不应小于1.05m。楼梯栏杆垂直杆件间净空不应大于0.11m。

6.3.3 楼梯平台净宽不应小于楼梯梯段净宽，且不得小于1.20m。楼梯平台的结构下缘至人行通道的垂直高度不应低于2.00m。入口处地坪与室外地面应有高差，并不应小于0.10m。

6.3.4 楼梯为剪刀梯时，楼梯平台的净宽不得小于1.30m。

6.3.5 楼梯井净宽大于0.11m时，必须采取防止儿童攀滑的措施。

6.4 电梯

6.4.1 属下列情况之一时，必须设置电梯：

1 七层及七层以上住宅或住户入口层楼面距室外设计地面的高度超过16m时；

2 底层作为商店或其他用房的六层及六层以下住宅，其住户入口层楼面距该建筑物的室外设计地面高度超过16m时；

3 底层做架空层或贮存空间的六层及六层以下住宅，其住户入口层楼面距该建筑物的室外设计地面高度超过16m时；

4 顶层为两层一套的跃层住宅时，跃层部分不计层数，其顶层住户入口层楼面距该建筑物室外设计地面的高度超过16m时。

6.4.2 十二层及十二层以上的住宅，每栋楼设置电梯不应少于两台，其中应设置一台可容纳担架的电梯。

6.4.3 十二层及十二层以上的住宅每单元只设置一部电梯时，从第十二层起应设置与相邻住宅单元联通的联系廊。联系廊可隔层设置，上下联系廊之间的间隔不应超过五层。联系廊的净宽不应小于1.10m，局部净高不应低于2.00m。

6.4.4 十二层及十二层以上的住宅由二个及二个以上的住宅单元组成，且其中有一个或一个以上住宅单元未设置可容纳担架的电梯时，应从第十二层起应设置与可容纳担架的电梯联通的联系廊。联系廊可隔层设置，上下联系廊之间的间隔不应超过五层。联系廊的净宽不应小于1.10m，局部净高不应低于2.00m。

6.4.5 七层及七层以上住宅电梯应在设有户门和公共走廊的每层设站。住宅电梯宜成组集中布置。

6.4.6 候梯厅深度不应小于多台电梯中最大轿箱的深度，且不应小于1.50m。

6.4.7 电梯不应紧邻卧室布置。当受条件限制，电梯不得不紧邻兼起居的卧室布置时，应采取隔声、减震的构造措施。

6.5 走廊和出入口

6.5.1 住宅中作为主要通道的外廊宜作封闭外廊，并应设置可开启的窗扇。走廊通道的净宽不应小于1.20m，局部净高不应低于2.00m。

6.5.2 位于阳台、外廊及开敞楼梯平台下部的公共出入口，应采取防止物体坠落伤人的安全措施。

6.5.3 公共出入口处应有标识，十层及十层以上住宅的公共出入口应设门厅。

6.6 无障碍设计要求

6.6.1 七层及七层以上的住宅，应对下列部位进行无障碍设计：

1 建筑入口；

2 入口平台；

3 候梯厅；

4 公共走道。

6.6.2 住宅入口及入口平台的无障碍设计应符合下列规定：

1 建筑入口设台阶时，应同时设置轮椅坡道和扶手；

2 坡道的坡度应符合表6.6.2的规定；

表6.6.2 坡道的坡度

坡度	1:20	1:16	1:12	1:10	1:8
最大高度(m)	1.50	1.00	0.75	0.60	0.35

3 供轮椅通行的门净宽不应小于0.8m；

4 供轮椅通行的推拉门和平开门，在门把手一侧的墙面，应留有不小于0.5m的墙面宽度；

5 供轮椅通行的门扇，应安装视线观察玻璃、横执把手和关门拉手，在门扇的下方应安装高0.35m的护门板；

6 门槛高度及门内外地面高差不应大于 0.015m，并应以斜坡过渡。

6.6.3 七层及七层以上住宅建筑入口平台宽度不应小于 2.00m，七层以下住宅建筑入口平台宽度不应小于 1.50m。

6.6.4 供轮椅通行的走道和通道净宽不应小于 1.20m。

6.7 信报箱

6.7.1 新建住宅应每套配套设置信报箱。

6.7.2 住宅设计应在方案设计阶段布置信报箱的位置。信报箱宜设置在住宅单元主要入口处。

6.7.3 设有单元安全防护门的住宅，信报箱的投递口应设置在门禁以外。当通往投递口的专用通道设置在室内时，通道净宽应不小于 0.60m。

6.7.4 信报箱的投取信口设置在公共通道位置时，通道的净宽应从信报箱的最外缘起算。

6.7.5 信报箱的设置不得降低住宅基本空间的自然采光和自然通风标准。

6.7.6 信报箱设计应选用信报箱定型产品，产品应符合国家有关标准。选用嵌墙式信报箱时应设计洞口尺寸和安装、拆卸预理件位置。

6.7.7 信报箱的设置宜利用共用部位的照明，但不得降低住宅公共照明标准。

6.7.8 选用智能信报箱时，应预留电源接口。

6.8 共用排气道

6.8.1 厨房宜设共用排气道，无外窗的卫生间应设共用排气道。

6.8.2 厨房、卫生间的共用排气道应采用能够防止各层回流的定型产品，并应符合国家有关标准。排气道断面尺寸应根据层数确定，排气道接口部位应安装支管接口配件，厨房排气道接口直径应大于 150mm，卫生间排气道接口直径应大于 80mm。

6.8.3 厨房的共用排气道应与灶具位置相邻，共用排气道与排油烟机连接的进气口应朝向灶具方向。

6.8.4 厨房的共用排气道与卫生间的共用排气道应分别设置。

6.8.5 竖向排气道屋顶风帽的安装高度不应低于相邻建筑砌筑体。排气道的出口设置在上人屋面、住户平台上时，应高出屋面或平台地面 2m；当周围 4m 之内有门窗时，应高出门窗上皮 0.6m。

6.9 地下室和半地下室

6.9.1 卧室、起居室（厅）、厨房不应布置在地下室；当布置在半地下室时，必须对采光、通风、日照、防潮、排水及安全防护采取措施，并不得降低各项指标要求。

6.9.2 除卧室、起居室（厅）、厨房以外的其他功能房间可布置在地下室，当布置在地下室时，应对采光、通风、防潮、排水及安全防护采取措施。

6.9.3 住宅的地下室、半地下室做自行车库和设备用房时，其净高不应低于 2.00m。

6.9.4 当住宅的地上架空层及半地下室做机动车停车位时，其净高不应低于 2.20m。

6.9.5 地上住宅楼、电梯间宜与地下车库连通，并宜采取安全防盗措施。

6.9.6 直通住宅单元的地下楼、电梯间入口处应设置乙级防火门，严禁利用楼、电梯间为地下车库进行自然通风。

6.9.7 地下室、半地下室应采取防水、防潮及通风措施，采光井应采取排水措施。

6.10 附建公共用房

6.10.1 住宅建筑内严禁布置存放和使用甲、乙类火灾危险性物品的商店、车间和仓库，以及产生噪声、振动和污染环境卫生的商店、车间和娱乐设施。

6.10.2 住宅建筑内不应布置易产生油烟的餐饮店，当住宅底层商业网点布置有产生刺激性气味或噪声的配套用房，应做排气、消音处理。

6.10.3 水泵房、冷热源机房、变配电机房等公共机电用房不宜设置在住宅主体建筑内，不宜设置在与住户相邻的楼层内，在无法满足上述要求贴临设置时，应增加隔声减震处理。

6.10.4 住户的公共出入口与附建公共用房的出入口应分开布置。

7 室内环境

7.1 日照、天然采光、遮阳

7.1.1 每套住宅应至少有一个居住空间能获得冬季日照。

7.1.2 需要获得冬季日照的居住空间的窗洞开口宽度不应小于0.60m。

7.1.3 卧室、起居室（厅）、厨房应有直接天然采光。

7.1.4 卧室、起居室（厅）、厨房的采光系数不应低于1%；当楼梯间设置采光窗时，采光系数不应低于0.5%。

7.1.5 卧室、起居室（厅）、厨房的采光窗洞口的窗地面积比不应低于1/7。

7.1.6 当楼梯间设置采光窗时，采光窗洞口的窗地面积比不应低于1/12。

7.1.7 采光窗下沿离楼面或地面高度低于0.50m的窗洞口面积不应计入采光面积内，窗洞口上沿距地面高度不宜低于2.00m。

7.1.8 除严寒地区外，居住空间朝西外窗应采取外遮阳措施，居住空间朝东外窗宜采取外遮阳措施。当采用天窗、斜屋顶窗采光时，应采取活动遮阳措施。

7.2 自然通风

7.2.1 卧室、起居室（厅）、厨房应有自然通风。

7.2.2 住宅的平面空间组织、剖面设计、门窗的位置、方向和开启方式的设置，应有利于组织室内自然通风。单朝向住宅宜采取改善自然通风的措施。

7.2.3 每套住宅的自然通风开口面积不应小于地面面积的5%。

7.2.4 采用自然通风的房间，其直接或间接自然通风开口面积应符合下列规定：

1 卧室、起居室（厅）、明卫生间的直接自然通风开口面积不应小于该房间地板面积的1/20；当采用自然通风的房间外设置阳台时，阳台的自然通风开口面积不应小于采用自然通风的房间和阳台地板面积总和的1/20；

2 厨房的直接自然通风开口面积不应小于该房间地板面积的1/10，并不得小于0.60m²；当厨房外设置阳台时，阳台的自然通风开口面积不应小于厨房和阳台地板面积总和的1/10，并不得小于0.60m²。

7.3 隔声、降噪

7.3.1 卧室、起居室（厅）内噪声级，应符合下列规定：

1 昼间卧室内的等效连续A声级不应大于45dB；

2 夜间卧室内的等效连续A声级不应大于37dB；

3 起居室（厅）的等效连续A声级不应大于45dB。

7.3.2 分户墙和分户楼板的空气声隔声性能应符合下列规定：

1 分隔卧室、起居室（厅）的分户墙和分户楼板，空气声隔声评价量（R_w+C）应大于45dB；

2 分隔住宅和非居住用途空间的楼板，空气声隔声评价量（R_w+C_{tr}）应大于51dB。

7.3.3 卧室、起居室（厅）的分户楼板的计权规范化撞击声压级宜小于75dB。当条件受到限制时，分户楼板的计权规范化撞击声压级应小于85dB，且应在楼板上预留可供今后改善的条件。

7.3.4 住宅建筑的体形、朝向和平面布置应有利于噪声控制。在住宅平面设计时，当卧室、起居室（厅）布置在噪声源一侧时，外窗应采取隔声降噪措施；当居住空间与可能产生噪声的房间相邻时，分隔墙和分隔楼板应采取隔声降噪措施；当内天井、凹天井中设置相邻户间窗口时，宜采取隔声降噪措施。

7.3.5 起居室（厅）不宜紧邻电梯布置。受条件限制起居室（厅）紧邻电梯布置时，必须采取有效的隔声和减振措施。

7.4 防水、防潮

7.4.1 住宅的屋面、地面、外墙、外窗应采取防止雨水和冰雪融化水侵入室内的措施。

7.4.2 住宅的屋面和外墙的内表面在设计的室内温度、湿度条件下不应出现结露。

7.5 室内空气质量

7.5.1 住宅室内装修设计宜进行环境空气质量预评价。

7.5.2 在选用住宅建筑材料、室内装修材料以及选择施工工艺时，应控制有害物质的含量。

7.5.3 住宅室内空气污染物的活度和浓度应符合表7.5.3的规定。

表 7.5.3　住宅室内空气污染物限值

污染物名称	活度、浓度限值
氡	< 200（Bq/m³）
游离甲醛	< 0.08（mg/m³）
苯	< 0.09（mg/m³）
氨	< 0.2（mg/m³）
TVOC	< 0.5（mg/m³）

8　建筑设备

8.1　一般规定

8.1.1　住宅应设置室内给水排水系统。

8.1.2　严寒和寒冷地区的住宅应设置采暖设施。

8.1.3　住宅应设置照明供电系统。

8.1.4　住宅计量装置的设置应符合下列规定：

1　各类生活供水系统应设置分户水表；

2　设有集中采暖（集中空调）系统时，应设置分户热计量装置；

3　设有燃气系统时，应设置分户燃气表；

4　设有供电系统时，应设置分户电能表。

8.1.5　机电设备管线的设计应相对集中、布置紧凑、合理使用空间。

8.1.6　设备、仪表及管线较多的部位，应进行详细的综合设计，并应符合下列规定：

1　采暖散热器、户配电箱、家居配线箱、电源插座、有线电视插座、信息网络和电话插座等，应与室内设施和家具综合布置；

2　计量仪表和管道的设置位置应有利于厨房灶具或卫生间卫生器具的合理布局和接管；

3　厨房、卫生间内排水横管下表面与楼面、地面净距应符合本规范第 5.5.5 条的规定；

4　水表、热量表、燃气表、电能表的设置应便于管理。

8.1.7　下列设施不应设置在住宅套内，应设置在共用空间内：

1　公共功能的管道，包括给水总立管、消防立管、雨水立管、采暖（空调）供回水总立管和配电和弱电干线（管）等，设置在开敞式阳台的雨水立管除外；

2　公共的管道阀门、电气设备和用于总体调

节和检修的部件，户内排水立管检修口除外；

3　采暖管沟和电缆沟的检查孔。

8.1.8　水泵房、冷热源机房、变配电室等公共机电用房应采用低噪声设备，且应采取相应的减振、隔声、吸音、防止电磁干扰等措施。

8.2　给水排水

8.2.1　住宅各类生活供水系统水质应符合国家现行有关标准的规定。

8.2.2　入户管的供水压力不应大于 0.35MPa。

8.2.3　套内用水点供水压力不宜大于 0.20MPa，且不应小于用水器具要求的最低压力。

8.2.4　住宅应设置热水供应设施或预留安装热水供应设施的条件。生活热水的设计应符合下列规定：

1　集中生活热水系统配水点的供水水温不应低于 45℃；

2　集中生活热水系统应在套内热水表前设置循环回水管；

3　集中生活热水系统热水表后或户内热水器不循环的热水供水支管，长度不宜超过 8m。

8.2.5　卫生器具和配件应采用节水型产品。管道、阀门和配件应采用不易锈蚀的材质。

8.2.6　厨房和卫生间的排水立管应分别设置。排水管道不得穿越卧室。

8.2.7　排水立管不应设置在卧室内，且不宜设置在靠近与卧室相邻的内墙；当必须靠近与卧室相邻的内墙时，应采用低噪声管材。

8.2.8　污废水排水横管宜设置在本层套内；当敷设于下一层的套内空间时，其清扫口应设置在本层，并应进行夏季管道外壁结露验算和采取相应的防止结露的措施。污废水排水立管的检查口宜每层设置。

8.2.9　设置淋浴器和洗衣机的部位应设置地漏，设置洗衣机的部位宜采用能防止溢流和干涸的专用地漏。洗衣机设置在阳台上时，其排水不应排入雨水管。

8.2.10　无存水弯的卫生器具和无水封的地漏与生活排水管道连接时，在排水口以下应设存水弯；存水弯和有水封地漏的水封高度不应小于 50mm。

8.2.11 地下室、半地下室中低于室外地面的卫生器具和地漏的排水管，不应与上部排水管连接，应设置集水设施用污水泵排出。

8.2.12 采用中水冲洗便器时，中水管道和预留接口应设明显标识。坐便器安装洁身器时，洁身器应与自来水管连接，严禁与中水管连接。

8.2.13 排水通气管的出口，设置在上人屋面、住户平台上时，应高出屋面或平台地面 2.00m；当周围 4.00m 之内有门窗时，应高出门窗上口 0.60m。

8.3 采暖

8.3.1 严寒和寒冷地区的住宅宜设集中采暖系统。夏热冬冷地区住宅采暖方式应根据当地能源情况，经技术经济分析，并根据用户对设备运行费用的承担能力等因素确定。

8.3.2 除电力充足和供电政策支持，或建筑所在地无法利用其他形式的能源外，严寒和寒冷地区、夏热冬冷地区的住宅不应设计直接电热作为室内采暖主体热源。

8.3.3 住宅采暖系统应采用不高于 95℃ 的热水作为热媒，并应有可靠的水质保证措施。热水温度和系统压力应根据管材、室内散热设备等因素确定。

8.3.4 住宅集中采暖的设计，应进行每一个房间的热负荷计算。

8.3.5 住宅集中采暖的设计应进行室内采暖系统的水力平衡计算，并应通过调整环路布置和管径，使并联管路（不包括共同段）的阻力相对差额不大于 15%；当不满足要求时，应采取水力平衡措施。

8.3.6 设置采暖系统的普通住宅的室内采暖计算温度，不应低于表 8.3.6 的规定。

表 8.3.6 室内采暖计算温度

用 房	温度（℃）
卧室、起居室（厅）和卫生间	18
厨房	15
设采暖的楼梯间和走廊	14

8.3.7 设有洗浴器并有热水供应设施的卫生间宜按沐浴时室温为 25℃ 设计。

8.3.8 套内采暖设施应配置室温自动调控装置。

8.3.9 室内采用散热器采暖时，室内采暖系统的制式宜采用双管式；如采用单管式，应在每组散热器的进出水支管之间设置跨越管。

8.3.10 设计地面辐射采暖系统时，宜按主要房间划分采暖环路。

8.3.11 应采用体型紧凑、便于清扫、使用寿命不低于钢管的散热器，并宜明装，散热器的外表面应刷非金属性涂料。

8.3.12 采用户式燃气采暖热水炉作为采暖热源时，其热效率应符合现行国家标准《家用燃气快速热水器和燃气采暖热水炉能效限定值及能效等级》GB 20665 中能效等级 3 级的规定值。

8.4 燃气

8.4.1 住宅管道燃气的供气压力不应高于 0.2MPa。住宅内各类用气设备应使用低压燃气，其入口压力应在 0.75 倍～1.5 倍燃具额定范围内。

8.4.2 户内燃气立管应设置在有自然通风的厨房或与厨房相连的阳台内，且宜明装设置，不得设置在通风排气竖井内。

8.4.3 燃气设备的设置应符合下列规定：

1 燃气设备严禁设置在卧室内；

2 严禁在浴室内安装直接排气式、半密闭式燃气热水器等在使用空间内积聚有害气体的加热设备；

3 户内燃气灶应安装在通风良好的厨房、阳台内；

4 燃气热水器等燃气设备应安装在通风良好的厨房、阳台内或其他非居住房间。

8.4.4 住宅内各类用气设备的烟气必须排至室外。排气口应采取防风措施，安装燃气设备的房间应预留安装位置和排气孔洞位置：当多台设备合用竖向排气道排放烟气时，应保证互不影响。户内燃气热水器、分户设置的采暖或制冷燃气设备的排气管不得与燃气灶排油烟机的排气管合并接入同一管道。

8.4.5 使用燃气的住宅，每套的燃气用量应根据燃气设备的种类、数量和额定燃气量计算确定，且应至少按一个双眼灶和一个燃气热水器计算。

8.5 通风

8.5.1 排油烟机的排气管道可通过竖向排气

道或外墙排向室外。当通过外墙直接排至室外时，应在室外排气口设置避风、防雨和防止污染墙面的构件。

8.5.2　严寒、寒冷、夏热冬冷地区的厨房，应设置供厨房房间全面通风的自然通风设施。

8.5.3　无外窗的暗卫生间，应设置防止回流的机械通风设施或预留机械通风设置条件。

8.5.4　以煤、薪柴、燃油为燃料进行分散式采暖的住宅，以及以煤、薪柴为燃料的厨房，应设烟囱；上下层或相邻房间合用一个烟囱时，必须采取防止串烟的措施。

8.6　空调

8.6.1　位于寒冷（B区）、夏热冬冷和夏热冬暖地区的住宅，当不采用集中空调系统时，主要房间应设置空调设施或预留安装空调设施的位置和条件。

8.6.2　室内空调设备的冷凝水应能有组织地排放。

8.6.3　当采用分户或分室设置的分体式空调器时，室外机的安装位置应符合本规范第5.6.8条的规定。

8.6.4　住宅计算夏季冷负荷和选用空调设备时，室内设计参数宜符合下列规定：

1　卧室、起居室室内设计温度宜为26℃；

2　无集中新风供应系统的住宅新风换气宜为1次/h。

8.6.5　空调系统应设置分室或分户温度控制设施。

8.7　电气

8.7.1　每套住宅的用电负荷应根据套内建筑面积和用电负荷计算确定，且不应小于2.5kW。

8.7.2　住宅供电系统的设计，应符合下列规定：

1　应采用TT、TN-C-S或TN-S接地方式，并应进行总等电位联结；

2　电气线路应采用符合安全和防火要求的敷设方式配线，套内的电气管线应采用穿管暗敷设方式配线。导线应采用铜芯绝缘线，每套住宅进户线截面不应小于10mm^2，分支回路截面不应小于2.5mm^2；

3　套内的空调电源插座、一般电源插座与照明应分路设计，厨房插座应设置独立回路，卫生间插座宜设置独立回路；

4　除壁挂式分体空调电源插座外，电源插座回路应设置剩余电流保护装置；

5　设有洗浴设备的卫生间应作局部等电位联结；

6　每幢住宅的总电源进线应设剩余电流动作保护或剩余电流动作报警。

8.7.3　每套住宅应设置户配电箱，其电源总开关装置应采用可同时断开相线和中性线的开关电器。

8.7.4　套内安装在1.80m及以下的插座均应采用安全型插座。

8.7.5　共用部位应设置人工照明，应采用高效节能的照明装置和节能控制措施。当应急照明采用节能自熄开关时，必须采取消防时应急点亮的措施。

8.7.6　住宅套内电源插座应根据住宅套内空间和家用电器设置，电源插座的数量不应少于表8.7.6的规定。

表8.7.6　电源插座的设置数量

空间	设置数量和内容
卧室	一个单相三线和一个单相二线的插座两组
兼起居的卧室	一个单相三线和一个单相二线的插座三组
起居室（厅）	一个单相三线和一个单相二线的插座三组
厨房	防溅水型一个单相三线和一个单相二线的插座两组
卫生间	防溅水型一个单相三线和一个单相二线的插座一组
布置洗衣机、冰箱、排油烟机、抽风机及预留家用空调器处	专用单相三线插座各一个

8.7.7　每套住宅应设有线电视系统、电话系统和信息网络系统，宜设置家居配线箱。有线电视、电话、信息网络等线路宜集中布线。并应符合下列规定：

1　有线电视系统的线路应预埋到住宅套内。每套住宅的有线电视进户线不应少于1根，起居室、主卧室、兼起居的卧室应设置电视插座；

2 电话通信系统的线路应预埋到住宅套内。每套住宅的电话通信进户线不应少于1根，起居室、主卧室、兼起居的卧室应设置电话插座；

3 信息网络系统的线路宜预埋到住宅套内。每套住宅的进户线不应少于1根，起居室、卧室或兼起居室的卧室应设置信息网络插座。

8.7.8 住宅建筑宜设置安全防范系统。

8.7.9 当发生火警时，疏散通道上和出入口处的门禁应能集中解锁或能从内部手动解锁。

本规范用词说明

1 为便于在执行本规范条文时区别对待，对要求严格程度不同的用词，说明如下：

1）表示很严格，非这样做不可的用词：

正面词采用"必须"，反面词采用"严禁"；

2）表示严格，在正常情况下均应这样做的用词：

正面词采用"应"，反面词采用"不应"或"不得"；

3）表示允许稍有选择，在条件许可时首先应这样做的：

正面词采用"宜"，反面词采用"不宜"；

表示有选择，在一定条件下可以这样做的用词，采用"可"。

2 本规范中指明应按其他有关标准执行的写法为："应符合……的规定"或"应按……执行"。

Ⅱ 课程设计范例

一、题目

公寓式住宅室内设计

二、教学目的

1. 熟悉公寓式住宅的组成和各组成部分的设计要点

2. 熟悉住宅室内设计图的内容和画法

三、条件与要求

学生根据清远奥园公寓式住宅平面图进行设计，楼层净高 2.8m，家庭主要成员为一对夫妻和一个上小学的小孩，业主职业由学生假定。请完成该住宅的室内设计，其中的一间次卧室可以视需要改成工作室或赋予其他用途。

四、图纸

2 号图纸一张，墨线绘制平面图一个（1∶100），顶棚图一个（1∶100）；剖面图 2～3 个（1∶50），衣柜、电视机柜或门的详图一组，另画一个透视图。

五、时间

课内 24 学时。

六、提示

1. 利用课余时间参观若干个样板房。

2. 参考《室内设计工程图画法》第 51 至 55 页和有关教科书的相关部分。

3. 注意组织好图面，力求主次分明，疏密得当。

范例一

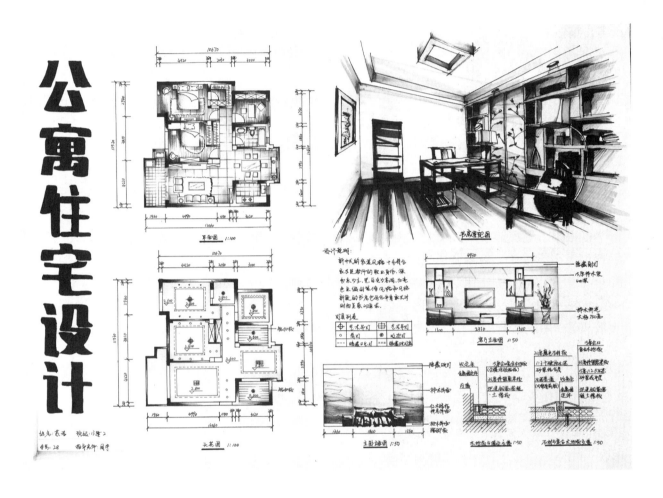

范例二

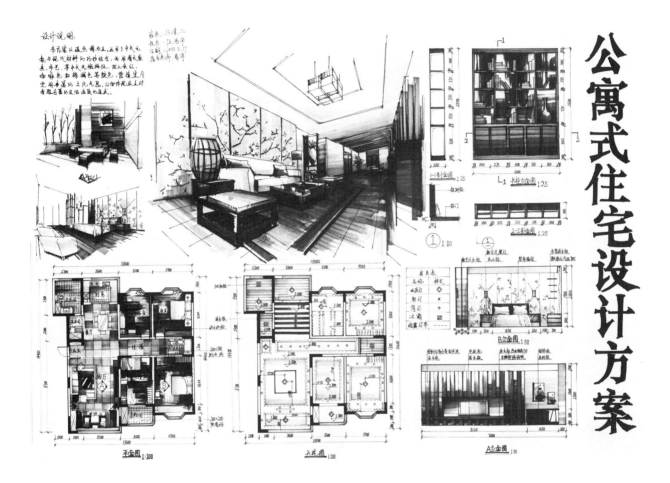

公寓式住宅设计方案

范例三

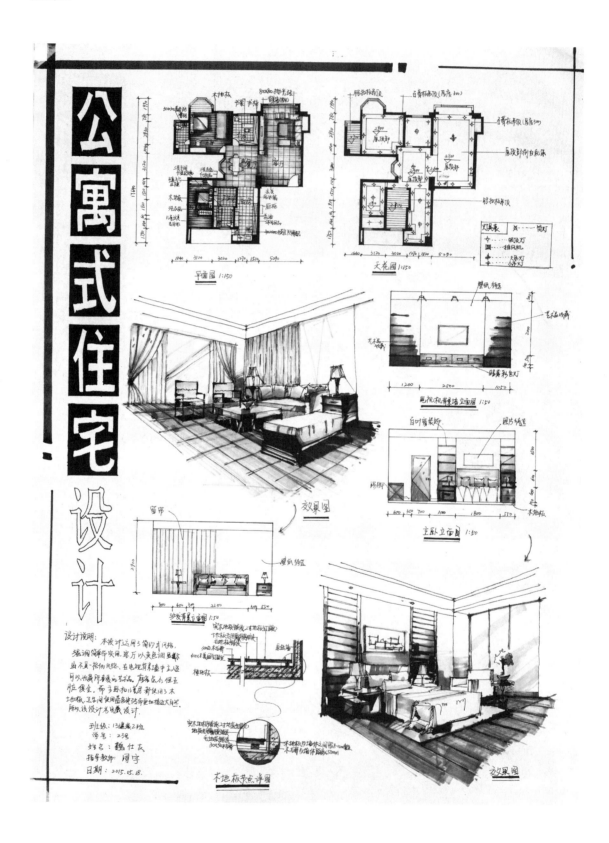

参考书目

1. 中华人民共和国住房和城乡建设部.住宅设计规范 GB 50096-2011.北京：中国建筑工业出版社，2011.

2. 中华人民共和国住房和城乡建设部.住宅室内装饰装修设计规范 JCJ367-2015.北京：中国建筑工业出版社，2015.

3. 上海市城乡建设和交通委员会.住宅设计规范 DGJ08-20-2013.上海：同济大学出版社，2014.

4. 张绮曼，郑曙旸.室内设计资料集.北京：中国建筑工业出版社，2000.

5. 霍维国，霍光.室内设计教程（第3版）.北京：机械工业出版社，2016.

6. 霍维国，霍光.室内设计工程图画法（第三版）.北京：中国建筑工业出版社，2011.

7. 周文胜.户型大师.武汉：华中科技大学出版社，2014.

8. 周燕珉.住宅精细化设计.北京：中国建筑工业出版社，2008.

9. 武峰.CAD室内设计施工图常用图块——金牌家装实例5.北京：中国建筑工业出版社，2004.

10. 郭明珠.住宅室内设计实训.北京：北京大学出版社，2013.

11. 金国胜.室内陈设艺术设计教材.杭州：浙江人民美术出版社，2011.

12. 乐嘉龙.住宅公寓设计资料集.北京：中国电力出版社，2006.